Petra Führmann · Nicole Hoefs · Iris Franzke

Die Kosmos Welpenschule

KOSMOS

Informieren Sie sich

Erstellen Sie eine Wunsch-liste

Sie haben noch gar keinen Hund? Aber jede Menge Wünsche an das zukünftige Familienmitglied und das gemeinsame Zusammenleben? Grund genug für eine umfangreiche Checkliste, die gemeinsam mit der ganzen Familie erstellt werden sollte. Auf dem Weg zum passenden Hund sollten Sie sich zunächst Ihre Vorstellungen ganz genau klarmachen. Eine aktive und ehrliche Auseinandersetzung mit den eigenen Wünschen, noch bevor die Entscheidung für einen bestimmten Welpen gefallen ist, verringert die Gefahr, ein Tier zu wählen, das einfach nicht zu Ihnen passt, ganz erheblich. Scheuen Sie sich nicht, auch Dinge zu formulieren, die Ihnen etwas kindisch oder unrealistisch erscheinen. Wenn Sie später konkrete Informationen über eine bestimmte Hunderasse oder einen Hundetyp einholen, werden Sie die Frage nach der Realisierbarkeit immer wieder an Ihrer Liste abgleichen können! Aus diesem Grund ist es auch empfehlenswert, dieselbe tatsächlich schriftlich und nicht nur gedanklich im Kopf anzufertigen.

Überschreiben Sie Ihre Liste mit Fragen wie:

▸ Welche Eigenschaften sind für mich/uns wichtig?
▸ Mit welchen kann ich mich nur schwer oder gar nicht anfreunden?

Die Erfahrung unserer täglichen und langjährigen Praxis in der Hundeschule lehrt leider immer wieder, dass ein Großteil der Erziehungsprobleme schlicht aus einer völlig unpassenden Mensch-Hund-Kombination resultiert. Daher sollte man nicht nur den Hund ernst nehmen, sondern auch sich selbst und seine Wünsche. Auch wenn diese Wünsche bedeuten, dass man bei der Auswahl leise seufzend von der einen oder anderen Hunderasse besser Abstand nimmt, weil man feststellt, dass Imagination und Realität zu weit auseinanderklaffen.

Mischling oder Rassehund?

Was den passenden Welpen selbst betrifft, so gilt es zunächst die Frage zu klären, ob man sich einen Rassewelpen oder einen Mischling wünscht. Um es gleich vorweg zu sagen: Ob der eine oder der andere besser geeignet ist, Ihr Leben zu bereichern, lässt sich nicht pauschal beantworten. Das Wesen eines Hundes hängt von einer solchen Vielzahl von Faktoren ab, dass es mehr als einseitig wäre, die richtige Auswahl lediglich auf die Frage „Mischling oder Rassehund?" zu reduzieren. Alle eingefleischten Mischlingsbesitzer werden dies ebenso bestätigen wie Anhänger ganz bestimmter Rassehunde. Daher werden wir Ihnen an dieser Stelle zunächst allgemeine Vor- und Nachteile, so wie sie im Moment für Mischlinge und Rassehunde diskutiert werden, vorstellen. Wenn wir an dieser Stelle vom Rassehund sprechen, so ist zunächst ausschließlich derjenige gemeint, dessen Züchter einem anerkannten Zuchtverband angehört und der damit – zumindest im Idealfall – für züchterische Seriosität einsteht.

Der Mischling

Viele Menschen schwören auf den Mischling und verweisen auf eine höhere Vitalität und Lebensdauer. Tatsächlich kann man mit einem „Rassemix" einen gesunden und robusten Vertreter erwerben, jedoch müssen auch dazu gewisse Voraussetzungen gegeben sein. Nach dem derzeitigen Stand der Dinge sind Mischlinge, was ihre Gesundheit und Lebenserwartung betrifft, nur dann aufgrund einer höheren Kreuzungsvitalität (auch Heterosis genannt) deutlich im Vorteil, wenn beide Elterntiere entweder selber Mischungen sind oder wenn sich ein Zwei-Rassen-Mischling mit einem anderen Mischling oder einem Hund einer dritten Rasse verpaart. Kommt es zur Verpaarung zweier verschiedener Rassehunde, die Träger ein und derselben Erbkrankheit sind, so können deren direkte Nachkommen ebenso vom Ausbruch der entsprechenden Krankheit betroffen sein.

Die „Mischlingslandschaft" in unserem Land hat sich in den vergangenen Generationen stark verändert. Immer seltener begegnen wir der völlig undefinierbaren Promenadenmischung, die streunend ihre Runden durch Dorf und Städtchen zieht. Die heute dominierenden Mixe sind in erster Linie Rassemischlinge der ersten Generation, die zwar nicht in- oder enggezüchtet sind, die aber keineswegs prinzipiell gesünder sein müssen. Des Weiteren ist ein nicht wegzuleugnendes Faktum bei einem Mischling eine gewisse Unvorhersagbarkeit der Eigenschaften. Dies kann vor allem dann zu einem Problem werden, wenn beispielsweise bei einem Hütehund-Mix die „Arbeitssucht" des einen Elternteiles voll durchschlägt und der Hund sich aufgrund dessen schlecht oder schlimmstenfalls gar nicht in ein normales Familienleben integrieren lässt. Dabei darf man sich vom Äußeren nicht täuschen lassen. So kann bei einem Border-Collie-Mix, der überhaupt nicht wie ein solcher aussieht, dennoch das Wesen des Borders absolut vorherrschend sein. Dasselbe gilt natürlich auch für Jagdhund-, Herdenschutzhund- und andere Rassemischlinge.

Um Missverständnisse zu vermeiden: Es ist keinesfalls unsere Absicht, generell von der Anschaffung eines Mischlingswelpen

Mischling oder Rassehund? Den beiden Spielkameraden scheint es völlig gleich zu sein.

abzuraten. Wir möchten lediglich auf mögliche Problemzonen hinweisen, die bei der Auswahl bedacht werden sollten.

Der Rassehund   Die Vor- und Nachteile eines Rassehundwelpen ergeben sich im
Grunde genommen aus dem oben Gesagten. Eine hohe Anzahl von
Erbkrankheiten bei allen Rassehunden ist erwiesen, das Qualitäts-
management bezüglich der Vermeidung dieser Krankheiten bei den
Rasseverbänden und einzelnen Züchtern verschieden. Es gibt leider
auch nach wie vor Rassehundverbände, die einer Übertypisierung
bestimmter äußerlicher Merkmale nicht entschieden genug ent-
gegentreten. Ob man dies unterstützen sollte, indem man einen
Welpen erwirbt, der aufgrund extremer äußerlicher Merkmale früher oder später gesundheitliche Probleme bekommen wird, muss
jeder für sich selbst entscheiden.
Der Vorteil bei der Anschaffung eines Rassewelpen nun liegt darin,
dass man sich zumindest einigermaßen genau informieren kann,
womit verhaltensmäßig zu rechnen ist. Dabei muss man sich allerdings auch informieren wollen. So selbstverständlich dies zwar

klingen mag, die Realität sieht oft anders aus. Mögliche Eigenschaften des Tieres, die im späteren Zusammenleben problematisch sein könnten, werden ausgeblendet oder oft genug einfach überhört. Auch wenn es schwerfällt: Erkundigen Sie sich ausführlich ebenfalls nach eventuellen Schwierigkeiten, die speziell mit der anvisierten Rasse in Haltung und Erziehung auftreten können. Leider geht der Trend heutzutage immer mehr zu „Hundespezialisten" und Exoten, das heißt zu Rassen, die etwas ganz Bestimmtes besonders gut können. Oft genug jedoch sind dies Dinge, die sich mit unserem Leben und unseren Möglichkeiten nicht gut vertragen.

Ein Welpe von einem „guten Züchter"

Was ist ein guter Züchter?

Auch das idyllische Gartenhäuschen macht eine zu isolierte Aufzucht nicht wett.

Es gibt eine Vielzahl an Kriterien, an denen sich verantwortungsvolle Hundezucht messen lässt und auf die jeder zukünftige Hundebesitzer ein besonderes Augenmerk legen sollte. Zunächst einmal gilt es bei der Auffindung eines geeigneten Züchters, ein gesundes, kritisches Misstrauen an den Tag zu legen und sich davon auch nicht beim Anblick von süß übereinanderkullernden Hundebabys zu verabschieden. Diese kritische Haltung wird bei einem guten Züchter auf Gegenseitigkeit beruhen und sich in einer entsprechenden Haltung dem Interessenten gegenüber äußern. Es sollte klar werden, dass der Züchter ein hohes Interesse daran hat, dass seine Welpen in richtige, das heißt passende Hände kommen. Von daher wird er nicht nur Ihre Fragen bereitwillig und gern beantworten, sondern auch Ihnen Fragen stellen, denn nur so kann er ermitteln, ob „seine" Rasse überhaupt mit Ihrem Leben und Ihrer Persönlichkeit vereinbar ist. Seien Sie daher nicht indigniert, wenn der

Züchter Fragen stellt, die in persönliche Bereiche ragen. Er dient so der Sache in hohem Maße, verhindert Enttäuschung und unnötiges Leid zum Wohle von Mensch und Tier, indem er in bestimmten Fällen die Abgabe eines Welpen verweigert.

Neben der interessierten Haltung dem potentiellen Käufer gegenüber bringt ein guter Züchter seinen Tieren eine ebensolche Haltung entgegen. Verantwortungsvolle Hundezucht ist ein Rund-um-die-Uhr-Job. Einige Zuchtverbände haben dies konsequent in ihre Zuchtbestimmungen aufgenommen und erteilen die Zuchtzulassung unter ihrem Dach nur, wenn beim Aufwachsen der Welpen ständig jemand anwesend ist und die Tiere nicht, auch nicht stundenweise, sich selbst überlassen werden. Dieses beispielhafte Vorgehen – welches keineswegs allgemein verbreitet ist – macht klar, wie viel Arbeit und Engagement die Aufzucht junger Hunde erfordert und relativiert den auf den ersten Blick oft sehr hoch erscheinenden Kaufpreis recht schnell.

Ein guter Züchter präsentiert seine Hunde nicht nur von der Schokoladenseite. Er kann – spätestens auf Nachfragen – Auskunft über die zu erwartenden Rasse-Eigenschaften geben und darüber, welche als ausgeprägt bezeichnet werden müssen. Er weiß Bescheid über die Wichtigkeit der Sozialisation bei Hunden in den ersten Lebenswochen vor der Abgabe und kann Ihnen Maßnahmen nennen und zeigen, mit denen er dieser mittlerweile allgemein anerkannten Erkenntnis Rechnung trägt. Dazu gehört der enge Kontakt zum Menschen, der nur bei beständiger Anwesenheit von Bezugspersonen möglich ist, eine zielgerichtete Beschäftigung mit den Welpen sowie eine vernünftige und integrierte Unterbringung, die diesen Kontakt ja überhaupt erst möglich macht. Eine räumliche oder zeitliche Isolierung vom Menschen über mehrere Stunden am Tag (und dazu noch in der Nacht) macht eine ordentliche Sozialisierung unmöglich. Bitte lassen Sie sich nicht vormachen, dass die Hunde, wenn sie am Ende des Arbeitstages des Züchters für ein bis zwei Stunden aus dem Zwinger gelassen werden, alles aufholen können, denn dies ist nicht der Fall.

Neugierde und Explorations-verhalten müssen in den ersten Lebenswochen gefordert und gefördert werden.

Ein weiteres Seriositätskriterium ist die Anzahl der Hunde, die sich bei einem Züchter befinden. Vor vielen Jahren und in Hundeerziehung noch relativ unbedarft, erwarben wir einen Hund bei einem Züchter, der einem anerkannten Dachverband angeschlossen war und insgesamt über acht erwachsene Tiere hielt. Die Welpen waren in einer Zwingeranlage seitlich des Hauses untergebracht. Die Dame des Hauses war tagsüber daheim, hatte aber mit den ausgewachsenen Hunden so viel zu tun, dass sie sich um die Welpen so gut wie gar nicht kümmern konnte. Auch wenn sich dieser Hund zu einem recht menschenfreundlichen Gesellen entwickelte, hatte er Zeit seines Lebens aufgrund der mangelhaften Frühgewöhnung an Außenreize große Probleme, selbst mit geringen Stresssituationen zurechtzukommen und reagierte auf diese beständig mit klassischen Nervositätssymptomen. Auch wenn es keine so große Anzahl an Hunden sein muss wie in dem beschriebenen Fall: Die Pflege der Mutterhündin und eines Welpenwurfes ist – wie bereits erwähnt – eine Zeitfressmaschine. Die ordentliche „Wartung" gelingt nur, wenn ansonsten keine Zeitfresser das ihrige beanspruchen. Einmal abgesehen davon, dass die Anwesenheit einer großen Anzahl von Hunden durchaus auch auf einen Händler hinweisen kann, bei denen von Haus aus keine züchterische Sorgfalt erwartet werden darf.

Ein Welpe aus dem Tierheim oder von Tierschutzorganisationen?

Möchte man mit der Anschaffung eines Welpen tierschützerisch ein gutes Werk tun, so sollte man sich darauf einstellen, dass Mitleid für die Bewältigung einer solchen Aufgabe nicht ausreichen wird. Je nach Verweildauer im Tierheim und je nach Isolationsgrad haben solche jungen Tiere zum Zeitpunkt der Übernahme unter Umständen große Defizite in puncto Umwelteinflüsse, Sozialkontakte und Lernmöglichkeiten. Selbstverständlich gibt es auch Tierheime, die sich gerade mit Welpen große Mühe geben, da sie sich

Mit dem Erwerb eines jungen Hundes aus einer Tierschutzorganisation kann man ein gutes Werk tun. Von ungesunden Mythen wie Dankbarkeit sollte man dabei Abstand nehmen.

über den prägenden Einfluss der ersten Lebenswochen bewusst sind. Viele bieten sogar selbst Welpenspielstunden an oder arbeiten mit Hundeschulen zusammen, die sie in ihrer Arbeit unterstützen und entlasten. Dennoch muss man sich hier darauf einstellen, dass man in Sachen Umweltsozialisation noch mehr gefordert sein wird. Man sollte über sehr viel Erfahrung und Wissen verfügen und realistischerweise dennoch von Anbeginn damit rechnen, dass es auch über das Welpen- und Junghundealter hinaus Verhaltensprobleme zwar nicht geben muss, aber kann.

Info
Inzestzucht – Inzucht – Linienzucht

Bei der Zucht von Rassehunden spricht man bei der Verpaarung von verwandten Tieren ersten Grades von **Inzestzucht**, d. h. bei Eltern-/Nachkommenverpaarungen oder Vollgeschwisterverpaarungen. Diese Zuchtform wird von den Landesverbänden der Rassehundezuchtvereine nur in Ausnahmefällen erlaubt, da die Gefahr der Häufung von Erbfehlern sehr groß ist. Genetiker raten von Inzestverpaarungen ab. Von **Inzucht** spricht man bei einer gezielten Verpaarung von Hunden, die näher miteinander verwandt sind als der Durchschnitt der Rasse und daher gemeinsame Vorfahren haben. Prinzipiell greift man in der Rassehundezucht zur Inzucht, um eine Steigerung der Reinerbigkeit zu bewirken. Ab welchem Verwandtschaftsgrad man von Inzucht sprechen kann,

ist nicht genau festgelegt. Tiere mit einer hohen Anzahl gemeinsamer Ahnen und geringem verwandtschaftlichem Abstand zwischen den Generationen weisen einen höheren Verwandtschaftsgrad auf. Mit gezielter Inzucht möchte man erwünschte Eigenschaften einer Rasse festigen, doch man erhöht damit auch die Zahl unerwünschter Erbfehler. Einige Auswirkungen der Inzucht sind eine Verringerung des Lebensalters, eine Verminderung der Widerstandsfähigkeit gegen Krankheiten sowie der Vitalität und eine erhöhte Anzahl an Totgeburten. Darüber sollte man sich im Klaren sein, wenn man einen Hund erwirbt, dessen Ahnenreihe viele Verwandte aufweist. Als **Linienzucht** wird eine maßvolle Form der Inzucht bezeichnet, bei der die Tiere zwar miteinander verwandt sind, aber nicht so eng wie bei der Inzestzucht. In der Linienzucht sollen nur Hunde verpaart werden, deren Vorfahren, Verwandte sowie deren Nachkommen keinerlei genetische Defekte besitzen. Auch die Linienzucht muss verantwortungsvoll durchgeführt werden, da sich eben nicht nur positive Merkmale verdoppeln können, sondern auch negative.

Ein in ähnlicher Weise bedenkenswertes Unterfangen ist es, einen sogenannten Straßenhundwelpen aus Süd- oder Südosteuropa zu übernehmen. In den letzten Jahren gibt es immer mehr Tierschutzorganisationen, die sich für diese oft bedauernswerten Tiere engagieren und häufig auch Welpen und Junghunde vermitteln. Dieses Engagement reicht von einer sehr sinnvollen Hilfe in Form von Kastrationen und Versorgung vor Ort über eine kritische und sorgfältige Vermittlung lediglich in erfahrene Hundehände bis hin zu einer leider rein vom Mitleid geleiteten und unkontrollierten Einfuhr von Tieren. Unkontrolliert meint hier eine fehlende Bereitschaft einiger Aktiver, sich auch kritisch mit der Einfuhr von Straßenhunden auseinanderzusetzen und zukünftige Besitzer ent-

sprechend aufzuklären. Es ist nun einmal eine Tatsache, dass diese Tiere an schwerwiegenden Krankheiten wie Leishmaniose, Babesiose, Hepatozoonose usw. leiden können und dann entsprechend – durchaus sehr langwierig – behandelt werden müssen. Und noch lange nicht alle Straßenhunde sind hochsozial – wie immer wieder zu hören ist. Viele dieser Hunde sind den Menschen lediglich auf Distanz gewöhnt und können in großen Stress geraten, wenn der schmusebedürftige Zweibeiner ihnen zu viel körperliche Nähe aufdrängt. Einige mussten sich ihr Futter selbst besorgen und haben nie eine Wohnung von innen gesehen. Ein extremer Freiheitsdrang ist außerdem häufig die Folge eines Straßendaseins. An einen ehemaligen Straßenhund kann man nicht dieselben Ansprüche stellen wie an ein Tier, welches in unserem geordneten und zivilisierten Land sozialisiert worden ist, und auch mit einem hiesigen Tierheiminsassen kann man diese Hunde keinesfalls gleichsetzen.

Darüber selbst nicht Bescheid zu wissen oder gar – und dazu gibt es leider erschreckende Beispiele – zukünftigen Besitzern dieses Wissen vorzuenthalten, um die Vermittlungschancen der Hunde zu erhöhen, ist in hohem Maße fahrlässig und leistet der Sache einen wahren Bärendienst.

Möchte man dennoch einen „Straßenwelpen" erwerben, so sollte man – wie bei einheimischen Tierschutzvereinen auch – auf Seriosität der Organisation achten. Gerade im Bereich der Straßenhunde oder bei Hunden aus sogenannten Tötungsstationen aus Süd- und Südosteuropa treten mittlerweile gewissen- und völlig skrupellose Geschäftemacher auf, die nicht im Mindesten am Tierschutz, dafür aber umso mehr an der Füllung ihres Geldbeutels interessiert sind.

Sie firmieren oft unter plakativen Bezeichnungen, die suggerieren, es handle sich um einen tatsächlichen Tierschutzverein. Das erste Auswahlkriterium für eine seriöse Tierschutzorganisation nun sollte immer die Gemeinnützigkeit sein. Nur wenn der Gesetzgeber einer Organisation diesen Status zugesprochen hat, können Sie sicher sein, dass es sich tatsächlich um eine Non-Profit-Organisation handelt. Ein weiteres Kriterium bei der Suche nach dem richtigen Tierschutzverein ist die Aufklärung des Interessenten. Die genannten Schwierigkeiten sollten bedacht und besprochen werden mit der kritischen Überlegung, ob man einer solchen Herausforderung – emotional und zeitlich – überhaupt gewachsen ist.

Alle Welpen – ganz gleich welcher Herkunft – benötigen ausreichende Kontakte zu gleichaltrigen Artgenossen.

Warum man nicht beim Händler kaufen sollte

Es gibt viele Gründe, die dagegen sprechen, von einem Händler ein Tier zu erwerben. Ein guter Züchter hat in allererster Linie den Anspruch, auch ebenso gute Welpen in die Welt zu setzen. Das ist nicht das primäre Ziel des Händlers. Er verdient seinen Lebensunterhalt mit dem Verkauf von Hunden und ist daher vor allem am Umsatz interessiert. Alles, was sie bei einem Züchter sehen und erfahren können, erhalten Sie beim Händler lediglich aus zweiter, und vor allem verkaufsorientierter, Hand. Sie bekommen keinerlei nachprüfbare und oft genug auch keine wahrheitsgemäßen Informationen darüber, woher die Hunde stammen, wie sie aufgezogen

Ein so freudiges und aufgeschlossenes Tier ist für jeden Halter nur wünschenswert.

und gehalten wurden, welchen Charakter die Elterntiere haben, ob bei der Verpaarung der Elterntiere überhaupt auf Gesundheit und Wesensfestigkeit geachtet worden ist usw. Oft werden die Welpen bei der Überführung unnötigem Stress ausgesetzt, sogar aus dem benachbarten Ausland hierher transportiert. Bis zum Zeitpunkt der Übergabe vom tatsächlichen „Vermehrer" zum Händler kann schon dermaßen viel schief gelaufen sein, dass es unmöglich ist, aus den Welpen noch gesunde, lernfähige und wesensfeste erwachsene Hunde zu machen. Die Haltung beim Händler besorgt dann in der Regel den Rest. Es reicht nicht aus, Welpen in nette Körbchen und saubere Räume zu setzen. Reizarmut und mangelnde Kontakte in den ersten acht bis zehn Lebenswochen wirken sich äußerst fatal auf die Entwicklung von Hunden aus. Wird in diese Zeit nicht genügend Wissen, Zeit und Engagement gesteckt, weil man die zu verkaufenden Welpen lediglich als Kontostandsposten betrachtet, so handelt man verantwortungs- und gewissenlos. Namhafte Ethologen weisen häufig darauf hin, dass nur gut sozialisierte Hunde ihre Möglichkeiten voll ausschöpfen können. In unserer nun schon langjährigen Praxis gab es noch keinen einzigen Händler-Hund, der in puncto Entwicklung, Lernfähigkeit, Gesundheit und/oder Wesensfestigkeit keine Defizite gehabt hätte.

Einmal abgesehen davon, dass Händler heutzutage auch schon sehr hohe Preise für ihre Tier verlangen, ist der unter Umständen höhere Züchterpreis – sofern es sich um einen sorgfältig arbeitenden Züchter handelt – nicht nur gerechtfertigt, sondern auch eine gute Investition.

Wie man Hunde-händler erkennt

Einen Händler zu erkennen, ist heutzutage gar nicht mehr so leicht. Viele wissen, dass sie ihre mittlerweile hohen Preise nur dann verlangen können, wenn die Hunde sich rein äußerlich in einem ordentlichen und ansehnlichen Zustand befinden. Da Papier geduldig und Computer flexibel sind, zaubern sie problemlos klangvolle Ahnentafeln und Stammbäume aus dem Hut, von denen sich viele Menschen leider allzu leicht beeindrucken lassen. Trotzdem kann man einem Händler auf die Schliche kommen. Häufig bieten Händler mehrere Rassen gleichzeitig an und inserieren diese in den gängigen Tageszeitungen. Dabei handelt es sich in erster Linie um Kleinhundrassen, die sich leichter verkaufen lassen, oder um solche, die insgesamt sehr beliebte Familienhunde sind, wie z. B. der Labrador-Retriever oder der Beagle. Kaum ein Händler wird heute auf die Nachfrage, wo er seine Tiere denn her habe oder ob er tatsächlich selber Züchter sei, die Wahrheit sagen. Manche bezeichnen sich als „Zwischenzüchter" oder „Vermittler" und schildern den Herkunftsort der Welpen als wahres Paradies. Da viele Interessenten jedoch wesentlich kritischer geworden sind, geben sich einige Händler selbst als Züchter aus und lassen sich dabei immer perfidere Täuschungsmanöver einfallen. Beliebt ist zur Zeit, die Anwesenheit einer Mutterhündin vorzuspiegeln, die „gerade von einem lieben Bekannten ausgeführt wird, damit sie sich einmal von ihrer Brut erholen kann." Bei solchen Aussagen ist immer Vorsicht angesagt. Manche Händler „besorgen" sich sogar eigens für den Interessentenbesuch eine Hündin, um unangenehme Nachfragen zu vermeiden. Solche kriminellen Zeitgenossen erkennt man oft leider nur mit Insiderwissen über Zucht, Sozialisation, Hundehaltung und -erziehung, da sie auf entsprechende Fragen höchstens vage, falsch oder gar nicht antworten können.

Zwei recht eindeutige Merkmale weisen auf solche Betrüger hin. Erstens: Die angebliche Mutterhündin hat kein deutlich ausgeprägtes Gesäuge. Zweitens: Die Welpen interessieren sich wenig oder gar nicht für das weibliche erwachsene Tier. Junge Hunde, die ihrer Mutter nicht deutlich sichtbar auf den Pelz rücken, sind ein Alarmsignal. Der umgekehrte Fall allerdings, in dem die Hündin von ihren Welpen schlicht genug hat, ist durchaus natürlich und noch kein Grund zur Skepsis.

Ein Welpe aus Privathand

Prinzipiell spricht nichts dagegen, einen Welpen aus Privathand zu erwerben, doch sollte man auch hier die Vor- und Nachteile genau abwägen. Der offenkundigste Vorteil ist natürlich der deutlich niedrigere Kaufpreis. Nicht jeder, der sich einen Hund wünscht, kann dafür 1.000 Euro oder mehr bezahlen. Dennoch ist – wie an anderer Stelle so auch hier – darauf zu achten, dass in die Aufzucht der jungen Hunde Zeit und Sorgfalt investiert wurde. Es reicht schlechterdings nicht aus, die Welpen einfach nur lieb zu haben. Wie ein guter Züchter muss auch eine verantwortungsvolle Privatperson eine gezielte Prägung und Sozialisierung der Junghunde vornehmen. Das heißt sie benötigt Zeit, kynologisches Fachwissen und auch die notwendigen örtlichen Gegebenheiten.

Erwirbt man einen Welpen aus Privathand, so muss man wissen, dass eine Überwachung wie beim anerkannten Rassehundeverband nicht gegeben ist. Man kann nicht kontrollieren, wer tatsächlich der Vater ist und muss daher mit einer gewissen Unvorhersagbarkeit auch optischer Endmerkmale rechnen. Einer Kundin unserer Hundeschule, die ihren Welpen von Privat erwarb, wurde dieser als Retriever verkauft. Er wurde jedoch kaum kniehoch und erinnert rein optisch nur entfernt an diese Rasse. Unserer Kundin ist dies völlig egal, sie ist glücklich mit ihrem Hund und freut sich an seinem individuellen Äußeren. Diese Haltung sollte man sich auf jeden Fall zu eigen machen, wenn man einen Welpen auf diesem Weg erwerben möchte.

Was aus ihm einmal wird, wenn er groß ist? Zumindest rein äußerlich ein recht klarer Fall!

Info
Wie ist das Rassehundewesen in Deutschland organisiert?

Die in Deutschland größte und führende Interessengemeinschaft aller Hundehalter ist der Verband für das Deutsche Hundewesen e. V. (VDH). 148 Rassehundeverbände sind dem VDH angeschlossen. Auf der Internetseite www.vdh.de finden sich die Adressen der Ansprechpartner auf Länderebene ebenso wie die der Rassehundeverbände. Dort kann man sich über die aktuellen Termine internationaler sowie nationaler Ausstellungen informieren und darüber, wann und wo Spezialzuchtschauen bestimmter Rassen stattfinden.

Auch wenn der VDH laut Statuten eine kontrollierte Zucht auf Gesundheit vertritt, gibt es jedoch immer wieder Kritiker, die der Meinung sind, man trete Auswüchsen wie Qualzüchtungen und Inzucht nicht vehement genug entgegen. So ist man mit seinem Hundewunsch sicherlich gefordert, jeden einzelnen Züchter, den man ins Auge fasst, kritisch zu prüfen. Nicht jeder Züchter, der dem VDH angeschlossen ist, muss ein guter Züchter sein. Nicht jeder Züchter, der diesem Dachverband nicht angehört, ist automatisch schlecht. Ein Beispiel dafür ist einer der Zuchtverbände für Australian Shepherds in Deutschland. Dieser Verband ist dem VDH nicht angeschlossen. Vorbildlich ist man trotzdem in Sachen Krankheitsvermeidung: Eine genetische Zuchtkommission bemüht sich nämlich erfreulicherweise um eine Eindämmung von Erbkrankheiten.

Welche Lektüre hilft bei der Auswahl?

Nutzen Sie das umfangreiche Lektüreangebot bei der Auswahl des richtigen Welpen! Diesen oder ähnlich lautende Hinweise werden Sie an vielen Stellen bekommen, doch Bücher sind nicht gleich Bücher, und eine kritische Umgehensweise mit Literatur über Hunde ist mitunter nicht immer leicht. Es empfiehlt sich, zunächst zu Büchern zu greifen, die nicht nur einer Hunderasse gewidmet sind, sondern mehrere vorstellen. Dabei sollte sich dieses Vorstellen jedoch nicht auf eine bloße Beschreibung des Äußeren und eine floskelhafte Aufzählung von Eigenschaften wie temperamentvoll, eigenwillig, sensibel usw. beschränken. Leider neigen manche Bücher, die mehrere Rassen vorstellen, genau unter dieser Schwäche und sind dann nicht sehr nützlich. Sinnvoll sind diese Bücher genau dann, wenn sie die Beschreibungen der entsprechenden Rasse-Eigenschaften funktionalisieren, das heißt klipp und klar sagen, für wen ein Hund mit den genannten rassespezifischen Merkmalen geeignet ist und für wen nicht. Leider sind Bücher, die sich nur mit einer einzigen Rasse beschäftigen, nicht immer ein guter Ratgeber. In einem solchen Fall ist das Lesen mit kritischen Augen durchaus angesagt. Auch wenn es löbliche Ausnahmen gibt, so muss man in „Ein-Rasse-Büchern" häufig zwischen den Zeilen lesen und bereit sein, etwas rosarote Farbe abzuwischen. Es ist ein Unterschied, ob man als Leser die abgedroschene Phrase von der Notwendigkeit einer konsequenten Erziehung zu lesen bekommt oder expressis verbis über die konkreten Folgen eines laxen Erziehungsstils und mangelhafter Auslastung aufgeklärt wird, die da sein können: Zerstörung der Wohnungseinrichtung, regelmäßiges Abhauen in Wald und Wiese, übermäßiges Bellen, aggressive Ausfälle usw.

Niedlichkeit schützt vor Erziehung nicht! Terrierwelpen stellen erzieherisch in der Regel hohe Ansprüche.

Exkurs: Wie liest man Rassebeschreibungen?

Aufmerksames Lesen tut not

So selbstverständlich es klingen mag: Lesen Sie aufmerksam und vor allem alles! Wir erleben bezüglich der Frage „Warum soll es welcher Hund sein?" immer wieder ausgeprägte Fälle von sogenannter selektiver Wahrnehmung. Die zukünftigen Besitzer ziehen vor der Auswahl zwar durchaus Rassebeschreibungen zu Rate, lassen sich jedoch dabei nur von jenen Eigenschaften leiten, die sie als besonders attraktiv empfinden, wie z. B.: „verteilt seine Sympathie gleichmäßig auf alle Familienmitglieder", „gelehrig", „gesellig", „stets zu Späßen aufgelegt" usw. Überrascht stellt man dann Monate später fest, dass der „menschenbezogene und fröhliche Gefährte" auch noch andere Bedürfnisse und Wesensmerkmale mitbringt, die man in seiner Begeisterung schlicht überlesen hat und die nun problematisch werden.

Es ist hilfreich, wenn man sich eine Rassebeschreibung wie eine Art Arbeitszeugnis denkt, bei dem sich hinter bestimmten Formulierungen mehr verbirgt, als auf dem Papier steht.

Was steckt hinter bestimmten Formulierungen?

Lebhaftigkeit und Intelligenz

Häufig ist die Rede von der außergewöhnlichen Intelligenz und Lebhaftigkeit bestimmter Rassen. Hierbei müssen Sie sich – allerspätestens, wenn die Vokabel Arbeitshund oder Arbeitseifer hinzukommt – darauf einstellen, dass es sich um Hunde handelt, die eine anspruchsvolle und zeitaufwändige Beschäftigung benötigen. Normale Spaziergänge werden Tiere mit diesen Eigenschaften in der Regel nicht befriedigen können. Damit ist auch dann zu rechnen, wenn eine Hunderasse vor allem für „sehr aktive Menschen" empfohlen oder „ein großer Bewegungsdrang" thematisiert wird. Hier kann man mit Sicherheit davon ausgehen, dass täglich mehrere Stunden gemeinsames schnelles Laufen, Joggen oder Radfahren ein absolutes Muss sind. In eine ähnliche Richtung muss man denken, wenn vom temperamentvollen Wesen einer Rasse zu lesen ist. Um einem temperamentvollen Hund gewachsen zu sein, sollte man außerdem über eine gute und schnelle Reaktionsfähigkeit verfügen. Wird die Selbstsicherheit, Aufmerksamkeit und Wachsamkeit thematisiert, sollte man mit einem Hund rechnen, dem die Verteidigung seines Territoriums – sprich Ihres Wohnbereichs – wichtig ist. Möchte man auch weiterhin selbst entscheiden, wem man die Tür öffnen möchte und wem nicht, so darf man sich bei der Erziehung eines solchen Hundes keine Inkonsequenzen gestatten. Das gilt auch für den sogenannten „unbestechlichen Wächter". Neigt man eher dazu „Fünfe auch mal gerade sein zu lassen", sollte man sich dies ohne schlechtes Gewissen eingestehen und nach einer anderen, passenderen Rasse suchen. Damit ist man auch dann gut bedient, wenn Rassen als sehr eigen- oder selbstständig beschrieben werden oder wenn vom „reinen Ursprung der Rasse" die Rede ist. Die starke Neigung, Entscheidungen selbst zu treffen, macht hier die Erziehung schwer und für Hundeanfänger sogar oft unmöglich.

Rund um die Unterordnung

Im Fall der Formulierung „zeigen keine bedingungslose Unterordnung", „vertragen keinen Drill" , „sind für klassische Hundeplatzübungen ungeeignet" sollte man davon ausgehen, dass es Rassen gibt, die leichter zu erziehen sind und sich besser anpassen als die beschriebene. Um kein Missverständnis aufkommen zu lassen: Keinem Hund sollte eine bedingungslose Unterordnung und blinder Gehorsam zugemutet werden, doch darum geht es an dieser Stelle gar nicht. Denken Sie immer an das oben zitierte Arbeitszeugnis! Auch in diesem müssen viele Formulierungen auf indirektem Wege verstanden werden, damit man sich von den Qualitäten der beurteilten Person ein Bild machen kann. Doch zurück zum

Vierbeiner: Wird ein Hund mit den genannten oder ähnlich lauten-
den Merkmalen versehen, muss man sich darauf einstellen, dass
Erziehung hier eine lebenslange Aufgabe und Herausforderung sein
wird und man oft unkonventionelle Wege wird einschlagen müssen.

**Verhalten Frem-
den gegenüber**

Häufig stößt man auf die Formulierung: „Fremden gegenüber
distanziert oder misstrauisch". Hunde mit diesem Wesensmerkmal
sind in der Regel nach außen nicht sehr kontaktfreudig und lassen
sich häufig nicht gerne von Menschen, die ihrer Auffassung nach
nicht zum engsten Kreis gehören, anfassen. Wird dies nicht berück-
sichtigt, können sie sich durchaus bedroht fühlen und im schlimmsten Fall entsprechend unangenehm reagieren. Zukünftige Besitzer
sollten hier in einem ruhigen Umfeld leben und kein Problem damit
haben, Nicht-Familienmitglieder immer wieder (ein Hundeleben

Lebhafte und in-
telligente Rassen
sollten nicht nur
körperlich geför-
dert werden.

lang!) darauf hinzuweisen, sich so lange abwartend zu verhalten, bis
der Hund von sich aus Kontakt aufnimmt. Diese Hunde vertragen
oft keine stürmische, ungefragte Annäherung.

Die individuellen und rassespezifischen Merkmale des zukünftigen Hausgenossen werden auf das gemeinsame Zusammenleben großen Einfluss haben.

Unterbeschäftigung

Besonders ernst nehmen sollte man die Formel: „Kann bei Unterbeschäftigung Probleme machen". Es reicht bei diesen Tieren einfach nicht aus, dass man gerne und auch lange spazieren geht. Oft werden auf diese Weise Tiere beschrieben, die zusätzlich neben der körperlichen auch geistige Auslastung benötigen. Leider seltener werden derartige Beschreibungen durch konkrete, mögliche Folgen ergänzt, die da sein können: Zerstörungswut, übermäßiger und unkontrollierbarer Belleifer, Aggressivität gegenüber Menschen und Artgenossen, Bewegungsstereotypien.

Jagdleidenschaft

Besonders oft können sich zukünftige Besitzer nichts Rechtes unter „Jagdpassion" vorstellen oder genauer gesagt darunter, wie sehr eine solche, sofern sie ausgeprägt ist, ihr Zusammenleben mit dem Tier bestimmen wird. Manchmal verbirgt sich eine starke Neigung zum Jagen auch hinter der nichtssagenden Floskel „hat eine gute Nase" oder „einen guten Spürsinn". Gibt man bei diesen Tieren in der Erziehung nicht buchstäblich alles, muss man sich darauf einstellen, den Hund ein Leben lang an der Leine spazieren zu führen, was für keinen der Beteiligten ein Vergnügen darstellt. Wildreiche Gebiete wird man wohl generell meiden müssen, was die Anzahl der Spazierwege erheblich einschränkt. Auch damit, dass man evtl. nicht von jedem Spaziergang gemeinsam nach Hause zurückkehrt, muss man rechnen. Unglücklicherweise wird man bei Hunden mit ausgeprägter Jagdleidenschaft selten darauf hingewiesen, dass sie sich als reine Familienhunde überhaupt nicht eignen. Aufgrund einer rassespezifischen Disposition jagen zu müssen, es aber im Alltag nicht zu können, stellt für viele Tiere eine Quälerei dar, auf die sie mit Verhaltensauffälligkeiten reagieren.

Zielstrebigkeit und Zähigkeit

„Zähigkeit" und „Zielstrebigkeit" beschreibt oft Hunderassen, mit denen man ohne eindeutig, unmissverständlich und vor allem regelmäßig **NEIN** sagen zu können, nicht glücklich werden wird. Das betrifft auch Hunde mit dem oft zitierten „eigenen Willen" oder „der starken Persönlichkeit" sowie den „fröhlichen Draufgänger, der vor nichts zurückschreckt". Wünscht man sich in erster Linie einen unkomplizierten Hausgenossen, der menschliches Verwöhnaroma nicht über die Maßen ausnutzt, empfiehlt es sich, einen Hund auszuwählen, bei dessen Charakterisierung die genannten Prädikate nicht vergeben werden.

Beschützerinstinkt

Bei einem Tier mit „ausgeprägtem Beschützerinstinkt" ist es absolut denkbar, dass man seinen Hund häufig wird wegsperren müssen, sobald sich Besuch ankündigt oder der Handwerker etwas reparieren muss. „Gute Futterverwerter" müssen bei der Fütterung streng reguliert werden, sie neigen zur Fettleibigkeit. Das erfordert Besitzer mit viel Selbstdisziplin, Standvermögen und vernunftgeleitetem Handeln.

„Ausgeprägt"

Generell gilt, dass alle Eigenschaften, die als „ausgeprägt" bezeichnet werden (sei es die Wachsamkeit, der Hütetrieb, das Bewegungsbedürfnis, die Jagdleidenschaft usw.), bei ihren Trägern schneller ins Extreme kippen können als bei Hunderassen, die nur im durchschnittlichen Maße über sie verfügen. Man sollte sich daher klarmachen, dass man bei Tieren mit ausgeprägten Eigenschaften sowohl in der Haltung als auch in der Erziehung Außergewöhnliches wird leisten müssen.

Die ausgeprägte Jagdleidenschaft vieler Rassen verlangt erzieherische Höchstleistungen.

Erstaunlich oft werden schwierige und ausgeprägte Eigenschaften mit Floskeln wie „ihrer Familie treu ergeben", „brauchen engen Familienkontakt", „zärtlich zu Bezugspersonen", „anhänglich" usw. geradezu weich gewaschen und so eine leichte Erziehbarkeit und hohe Familientauglichkeit suggeriert. Hier muss jedoch gesagt werden, dass man sich Bindung und Respekt gerade bei selbstbewussten, eigenständigen Tieren erarbeiten muss und keineswegs automatisch mitkauft. Besondere Vorsicht ist bei weit verbreiteten Anthropomorphismen angebracht. Da gelten Hunde als „besonders liebevoller Babysitter, „verrichten ihre Aufgaben mit Stil", „sind zärtlich im Umgang mit Kindern" oder „ohne Falsch". Auch wenn diese Aussagen sicherlich allgemeine Tendenzen meinen, sollte man Hunde nicht verklären und geradezu zu besseren Menschen erklären. Im Übrigen darf nicht vergessen werden, dass jeder Hund, egal wie gut seine Anlagen auch sein mögen, diese nur in einem ebenso guten Umfeld entwickeln kann.

Weitere Informationsquellen

Informations-quelle Aus-stellungen

Ausstellungen bieten sich als Informationsquelle aus mehreren Gründen an. Sie haben hier – zumindest bei rasseübergreifenden Veranstaltungen – nicht nur Züchter und Aussteller einer einzigen Rasse als potentielle Informanten, sondern können viele erfahrene Besitzer verschiedener Rassen kennenlernen, sodass sich auch eine evtl. längere Anreise lohnt. Sobald Sie selber stolzer Besitzer eines Hundes sind, werden Sie feststellen: Hundebesitzer lieben es, über ihre Lieblinge zu sprechen! Auf Hundeausstellungen gibt es reichlich Leerlauf für die Aussteller und man wird in der Regel hoch erfreut Gespräche mit Interessenten führen und sein Wissen mitteilen. Ein weiterer, unschlagbarer Vorteil beim Besuch einer Ausstellung ist, dass hier nicht die Gefahr eines unüberlegten Spontankaufs besteht. Man wird Ihnen gerne Adressen von Züchtern nennen, bereitwillig darüber informieren, wann der nächste Welpenwurf geplant ist usw., aber ein Tier verkaufen wird man Ihnen nicht.

Ausstellungen haben, das werden Sie bei einem Besuch schnell feststellen, etwas von Jahrmarktsatmosphäre. Es ist laut, oftmals hektisch, es herrscht eine hohe Anspannung. Sie erfahren viel über das Wesen und Temperament bestimmter Hunde, wenn Sie sich die

Zeit nehmen, die verschiedenen Tiere und ihre Reaktionen in diesem unruhigen Umfeld zu beobachten. Wer macht trotz allem einen gelassenen Eindruck? Wer wirkt überdreht? Wer überfordert? Aufgrund der Vielzahl der anwesenden Hunde haben Sie eine gute Vergleichsmöglichkeit und können Ihre Beobachtungen im Gespräch mit den Ausstellern überprüfen.

Ein letzter Tipp zum Thema Ausstellungen: Bitte bedenken Sie bei Ihren Gesprächen mit den Ausstellern immer, dass Sie hier glühende Fans vor sich haben. Und ein Fan ist vor allem eines: treu. Einseitige Schwärmereien sollten Sie daher etwas relativieren und nicht zur alleinigen Quelle von Informationen machen. Aktuelle Termine zu Ausstellungen erhalten Sie übrigens in den monatlich erscheinenden Hundezeitschriften sowie auf der Internetseite des VDH.

Wünscht man sich einen Rassehundwelpen, kann man auf entsprechenden Ausstellungen viele wertvolle Informationen erhalten.

**Freunde und
Bekannte fragen!**

Nutzen Sie Ihr Netzwerk aus Freunden und Bekannten. Selbst wenn sich unter diesen niemand befindet, der selbst einen Hund besitzt oder lediglich einen solchen, der Ihnen nicht zusagt, sollten Sie diese Informationsquelle nicht auslassen. In der Regel kennt jeder jemanden, der einen Hund hat. Bitten Sie darum, einen Kontakt herzustellen, und fragen Sie, ob Sie einmal einen Spaziergang begleiten dürfen. Damit schlägt man mehrere Fliegen mit einer Klappe. Niemand muss Ihnen zusätzliche Zeit widmen, da tägliche

Spaziergänge ohnehin auf der Tagesordnung stehen. Außerdem kann man den Hund auf diese Weise sozusagen „in freier Wildbahn" erleben und prüfen, ob man zu Ausflügen solcher Art mehrmals täglich bei Wind und Wetter bereit ist. Ein „begleiteter Spaziergang" bietet darüber hinaus die Möglichkeit zu erfahren, welche Anforderungen die Umwelt an einen Hund stellt. Handelt es sich um einen wohlerzogenen Vierbeiner, der gut mit seinem Menschen harmoniert, brav an der Leine läuft, beim Freilauf Jogger und Fahrräder ignoriert, auf Zuruf herankommt usw., werden Sie feststellen, wie angenehm und beglückend ein gemeinsamer Spaziergang sein kann. Die gegenteilige Erfahrung bei einem Ausflug mit einem schlecht erzogenen Hund, der womöglich noch zusätzlich aufgrund seines Temperamentes überhaupt nicht zu seinem Besitzer passt, ist ebenfalls sehr lehrreich! Sie werden spüren, welchem Stress Hund, Besitzer und Umwelt in einem solchen Fall ausgesetzt sind und die Notwendigkeit erkennen, Zeit und Energie in die richtige Auswahl, in die Erziehung und die Sozialisation Ihres eigenen Welpen zu investieren.

**Kaufberatung
in einer Hunde-
schule**

Haben Sie eine seriöse und eingesessene Hundeschule in Ihrer
Nähe, sollten Sie die Möglichkeit einer Kaufberatung nutzen. Die
Vorteile einer solchen sind evident. Langjährige Hundetrainer haben
einen guten Überblick über alle gängigen Rassen und vor allem über
deren Integrierbarkeit in bestimmte Hausstände. Auch mit den zu
erwartenden Vor- und Nachteilen bei der Anschaffung eines Mischlingswelpen sind sie vertraut. Sie wissen, dass Erziehungsprobleme
mehr als häufig aus einer mangelhaften Kompatibilität zwischen
Mensch und Hund resultieren
und haben schon eine Vielzahl
von Mensch-Hund-Beziehun-
gen genau daran scheitern
sehen. Ihre Erfahrungen mit
Menschen und damit, wer mit
welchem Hund gut oder auch
weniger gut zurechtkommt,
sind bei entsprechender Berufs-
praxis sehr groß.
Daher befasst sich eine professionelle Kaufberatung in erster
Linie mit dem Menschen und
seiner Lebenssituation. Der
Preis für eine solche Kaufberatung ist in der Regel eine
gute Investition, mit der man
sich unter Umständen viel
Kummer ersparen kann.

Wer wohl am besten
zu dieser Rasse
passt? Lassen Sie
sich beraten!

Die Entscheidung für den Hund

Bevor Sie sich nun für eine bestimmte Rasse oder einen Mischling entscheiden, sollten Sie Ihre Lebenssituation genau prüfen und mit den erworbenen Informationen abgleichen. Wie viele Stunden am Tag können Sie tatsächlich für den Hund erübrigen? An welches Umfeld wird der Hund sein tägliches Leben anpassen müssen? Wer werden seine Hauptbezugspersonen sein? Gibt es bereits Kinder in der Familie oder sind welche geplant? Sind Sie selber ein kontakt- freudiger Mensch mit einem großen Freundeskreis? Empfangen Sie regelmäßig Besuch? Denken Sie an Ihre „Wunschliste" vom Beginn

des Buches! Gemeinsam mit dieser, einer ehrlichen Analyse Ihrer Möglichkeiten und Ihres Umfeldes sowie Ihrem neu erworbenen Wissen über Rassen und Mischlinge sind Sie für die konkrete Aus- wahl gut gerüstet.

Am besten gleich zwei auf einen Streich?

Viele Hundefreunde, die sich mehr als nur einen Hund wünschen, erwägen die gleichzeitige Anschaffung von zwei Welpen. Dabei sind oft legendenhafte Aussagen im Spiel wie „Zwei machen auch nicht mehr Arbeit als einer" oder „Die erziehen sich dann gegensei- tig". Wir können vom Erwerb zweier Welpen zum gleichen Zeit- punkt nur dringend abraten. Zwei Welpen machen, ebenso wie ein menschliches Zwillingspärchen auch, nicht dieselbe Arbeit, son- dern die doppelte. Und dabei geht es bei weitem um mehr als nur das doppelte Aufputzen von „Pfützchen". Damit ein Welpe sich in erster Linie an seinen Menschen bindet und lernt, diesen allem anderen – auch anderen Hunden – vorzuziehen, muss man viel Zeit und Engagement in die Erziehung investieren. In der Regel funktioniert dies bei „Zwei-Welpen-Haltung" schlecht, weil man schlicht nicht genügend Zeit mitbringt, die Hunde jeden Tag auch getrennt voneinander zu erziehen. Gleichzeitig angeschaffte Welpen entwickeln zudem eine sehr starke Bindung zueinander. Ist diese Bindung dann stärker als die an den Besitzer, wird die Kontrolle über die Tiere spätestens in der Pubertät ein großes Problem. Auch die Umweltsozialisation zweier junger Hunde ist aufgrund des enormen Zeitaufwandes und der evtl. unterschiedlichen Reaktionen der Tiere

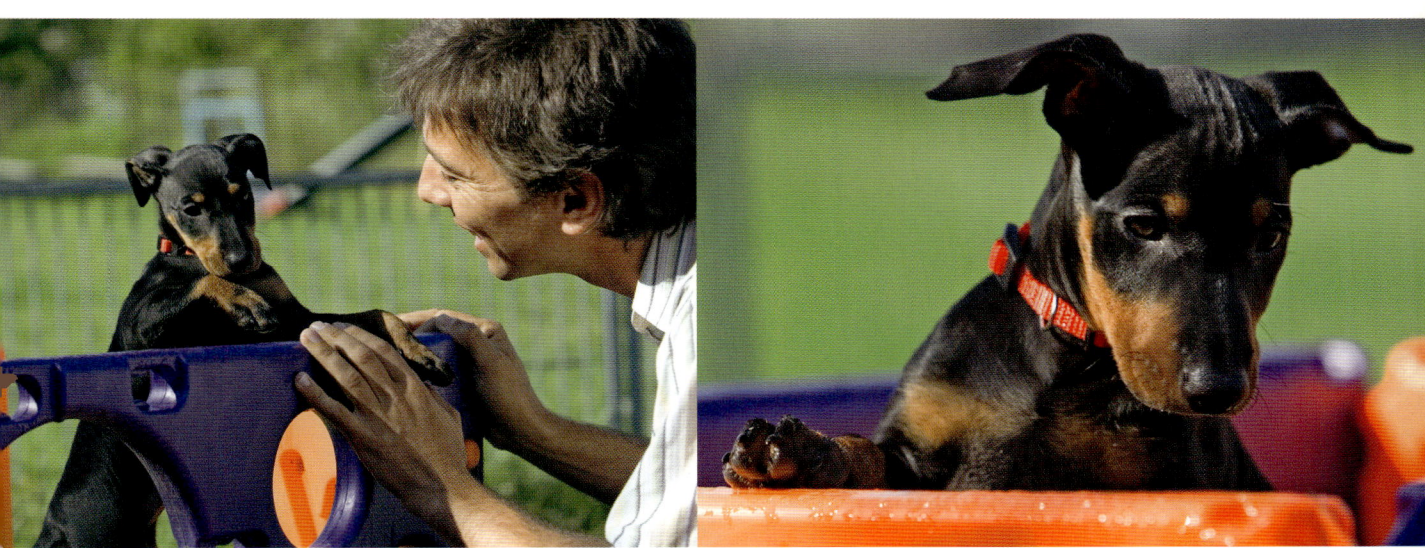

auf bestimmte Dinge schwierig. Wünscht man sich ein Leben mit mehreren Hunden, so tut man gut daran, die Tiere nacheinander mit entsprechend zeitlichem Abstand anzuschaffen. Völlig außer Acht lassen Hundefreunde leider oft die Möglichkeit einer ungewollten und sehr frühen Schwangerschaft bei der Anschaffung zweier gegengeschlechtlicher Welpen. Die Hündin eines Kunden wurde zu dessen großem Erstaunen im Alter von nur neun Monaten von ihrem gleichaltrigen Bruder gedeckt. Einmal ganz abgesehen davon, dass die Hündin zu diesem Zeitpunkt weder körperlich noch charakterlich ausgereift und erwachsen war, handelt es sich bei solchen Verbindungen um Inzucht-Verpaarungen ersten Grades, die aufgrund der drohenden gesundheitlichen Gefahren für die Nachkommen vermieden werden müssen.

Sie wünschen sich ein Leben mit mehreren Hunden? Die Anschaffung eines zweiten Tieres empfiehlt sich mit größerem zeitlichen Abstand und nicht gleichzeitig.

Welpenauswahl, Spielstunden und angeleitete Erziehung

Erste Besuche beim Züchter

Worauf muss ich achten?

Bei aller Begeisterung beim Anblick der Welpen sollten Sie bei Ihrem ersten Züchterbesuch zunächst vor allem auf die örtlichen Gegebenheiten sowie die Mutterhündin achten, denn beide Faktoren sind von großem Einfluss auf die spätere Entwicklung der Welpen. Da Hündinnen naturgemäß höhlenartige, kleinere Gebilde als Wurfstätte vorziehen, sollte die Wurfkiste nicht zu groß sein. Viele Hündinnen geraten durch eine ungeeignete Wurfstätte in enormen Stress, der sich durchaus auf die neugeborenen Welpen (und sogar auf die noch nicht geborenen!) übertragen kann. Sie nehmen ihre Wurfkisten nicht an und tragen ihre Welpen auf der Suche nach einer passenden Lagerstätte hin und her.

Stellen Sie Fragen

Fragen Sie nach, wie die Geburt verlaufen ist, wie sich die Hündin dabei verhalten hat, wie viel Unterstützung sie benötigte und ob es evtl. Komplikationen gab. Erkundigen Sie sich, ab wann die Welpen Kontakt zu Fremden haben durften bzw. dürfen (dies sollte ab der dritten Lebenswoche möglich sein), und ob der Züchter die Wurf-kiste mit einer Wärmelampe versehen hat. Diese vermeintliche Kleinigkeit hat lernpsychologisch äußerst negative Auswirkungen und wird von einigen Züchtern, insbesondere solchen, die ihre Welpen im unbeheizten Zwinger aufziehen, in den ersten Lebenswochen leider immer noch häufig genutzt. Welpen, die die ersten Wochen unter der Wärmelampe aufwachsen, lernen nicht, sich anzustrengen und auch nicht, dass sich Anstrengung lohnt. Sie müssen keine Kraft aufwenden, um möglichst nah am wärmenden Körper der Mutter und der Geschwister zu liegen. Die Erfahrung, dass eigene Anstrengung zu einem Zustand der Befriedigung und des Wohlbefindens führt, können Wärmelampe-Welpen nicht machen und somit fehlt ihnen eines der ersten und wichtigsten Lernerlebnisse im Leben überhaupt. Spätere Defizite bei Lernbereitschaft und -fähigkeit sind bei derart aufgezogenen Welpen keine Seltenheit. Natürlich sind Sie bei all diesen Fragen auf die Ehrlichkeit des Züchters angewiesen, da viele der genannten Punkte nicht mehr überprüft werden können. Doch an der Art und Weise der Antworten werden Sie feststellen, wie bereitwillig ein Züchter solche Fragen überhaupt beantwortet und ob er über ausreichend kynologisches Wissen verfügt.

Eine sorgfältige Aufzucht in den ersten Wochen ist von unschätzbarem Wert.

Achten Sie auf die Mutterhündin

Was Sie hingegen genau prüfen können und sollten, ist das Verhalten der Mutterhündin, die immerhin einigen Stress hinter sich hat

und nun auch noch den Besuch von Fremden aushalten muss. Es sollte in jedem Fall möglich sein, die Hündin mit hinzuzuholen. Verweigert ein Züchter dies, ist auf jeden Fall Skepsis angesagt und die berechtigte Frage, ob es etwas zu verbergen gibt. Die Mutterhündin muss nicht den Eindruck eines unerschütterlichen Felsens in der Brandung machen, den rein gar nichts aus der Ruhe bringen kann. Doch Schärfe gegenüber Besuchern, extremes Kläffen, eine hohe Nervosität oder gar Angst vor Fremden sind durchaus ein Alarmsignal. Bitte machen Sie sich klar, dass Verhaltensweisen nicht nur vererbt,

Eine gesunde und wesensfeste Mutterhündin sollte immer ein wesentliches Auswahlkriterium sein.

sondern auch erworben werden. Natürlich wissen Sie nicht, ob die Hündin schlechte Anlagen oder lediglich schlechte Angewohnheiten hat. Doch Lernen am Modell findet für die Welpen durch das Vorbild der Mutter auf jeden Fall statt, und die Gefahr der Übertragbarkeit von Verhalten ist sehr groß, wenn die Hündin vor ihrem Wurf ihre Unarten auslebt. Die Hündin sollte es freundlich dulden, dass fremde Menschen Kontakt zu ihren Welpen aufnehmen. Sie selbst sollte sich ebenfalls von Fremden ohne Probleme berühren lassen und insgesamt einen menschenfreundlichen und -bezogenen Eindruck machen.

Lassen Sie ein Handtuch beim Züchter

Sind Sie sich sicher, dass der anvisierte Züchter der richtige für Sie ist, so empfiehlt es sich unbedingt, ein altes Handtuch bei den Welpen zu deponieren, welches Sie dann bei der Abholung des Hundes mit in sein neues Heim nehmen. So ist der Welpe noch eine Weile von einem vertrauten Geruch umgeben, und die Trennung wird ihm leichter fallen. Ist die Entscheidung gefallen, so erkundigen Sie sich direkt nach dem Futter, welches der Züchter seinen Welpen gibt, damit Sie dem jungen Hund keine abrupte Fütterungsumstellung zumuten müssen.

Wie man den richtigen Welpen auswählt

Sinn und Unsinn von Welpentests

Um für die Arbeit als Behindertenbegleithund, Blindenhund u. Ä. geeignete Hunde zu finden, greift man schon seit einer ganzen Weile zu sogenannten Welpentests. Seit einigen Jahren nun werden zur Auswahl des passenden Familienwelpen ebenfalls Welpentests empfohlen. Verschiedene Forscher und auch Hundetrainer beanspruchen die Entwicklung dieser Tests für sich, und so stößt man bei der Recherche nach Welpentests auf verschiedene Namen und Urheber. Wichtiger jedoch als der Streit nach der Urheberschaft ist für den Hundefreund der Nutzen, den er für die Auswahl seines Welpen aus einem Welpentest ziehen kann. Prinzipiell geht es bei einem solchen Test darum, bestimmte Verhaltenstendenzen zu erkennen, um dann möglichst mit Hilfe eines erfahrenen Züchters den passenden Welpen für sich auszuwählen. Mit etwas unterschied-

licher Schwerpunktsetzung prüfen die Tests die Reaktion der Welpen etwa im Alter von sechs bis sieben Wochen in verschiedensten Situationen. Die Hunde werden einzeln, in der Regel von einer fremden

Bringen Sie ausreichend Zeit mit, die Hunde untereinander zu beobachten, bevor Sie eine Entscheidung treffen.

Person und frei von ablenkenden Reizen, getestet. Üblicherweise wird dabei das Erforschungs- bzw. Neugierverhalten, das Kommen und das Nachlaufen, die Reaktion auf gewisse Zwangshaltungen wie das Hochnehmen und die Rückenlage sowie die Reaktion auf akustische und optische Reize, die Spielfreudigkeit und die Apportierbereitschaft einem Test unterzogen. Manche Welpentests prüfen außerdem das Problemlöseverhalten der Tiere, indem der Welpe z. B. hinter eine Absperrung gesetzt wird und den Ausgang finden soll. Insgesamt wird empfohlen, die einzelnen Tests zeitlich sehr kurz zu halten, um die Welpen nicht zu überfordern. Die höchste Punktzahl erhalten Welpen, die sich bei dem Test sehr menschenbezogen und freudig verhalten, weder Angst noch Misstrauen und auch keinen großen Eigensinn zeigen. Zwangshaltungen sollte der Hund entspannt und ohne Hysterie über sich ergehen lassen. Auf plötzliche akustische oder optische Reize ist ein kurzer Schreckmoment durchaus erwünscht, dem jedoch schnell eine neugierige Reaktion bzw. ein schnelles Entspannen folgen sollte.

Sicherlich wird man bei der Durchführung eines Welpentests einen recht guten Eindruck vom derzeitigen Entwicklungsstand des Welpen bekommen und interessante Unterschiede zwischen den Reaktionen und Verhaltensweisen der einzelnen Tiere beobachten können. Gerade bei Welpen, die sich in idealer Weise verhalten, kann man davon ausgehen, dass der Züchter bereits sehr viel in die Aufzucht und Sozialisation seines Wurfes investiert hat. Dennoch sollte man sich keinesfalls dazu verleiten lassen, die Ergebnisse eines Welpentests als der Weisheit letzter Schluss zu betrachten oder gar zu glauben, dass der Charakter der Tiere zu diesem Zeitpunkt bereits

Der Aufmerksame, der Verspielte oder der Ruhige? Welcher Welpe soll es sein?

einen unveränderlichen Status erreicht habe. Über das endgültige Wesen des Hundes anhand von Tests, die im Alter von wenigen Wochen durchgeführt werden, definitive Aussagen zu treffen, ist unseres Erachtens in höchstem Maße unseriös, denn eine Vielzahl an Entwicklungs- und Erziehungsvorgängen stehen dem jungen Hund erst noch bevor. Wird eine vom Züchter ordentlich angebahnte Sozialisation und Früherziehung vom Besitzer nicht aufgegriffen und mit ebensolchem Engagement weitergeführt, so wird die höchste Punktzahl im Welpentest dem erwachsenen Tier rein gar nichts mehr nützen.

Nicht außer Acht lassen darf man in diesem Zusammenhang außerdem, dass die Forschung immer wieder auf die momentan noch vorhandenen Wissenslücken in puncto Welpenentwicklung bei den verschiedenen Rassen verweist und darauf, dass man von unterschiedlichen Geschwindigkeiten bei der Verhaltensentwicklung ausgehen muss. Die Welpen aber hinsichtlich ihrer Reaktion auf die oben genannten Punkte genau zu beobachten, ist sicherlich sehr sinnvoll und auch erforderlich. Gerade, wenn man sich einen familienbezogenen und freundlichen Begleiter wünscht, sollte man von Extremen, wie z. B. auffällige Ängstlichkeit einerseits und Draufgängertum andererseits, Abstand nehmen; um dieses zu erkennen, können Welpentests eine gute Hilfe sein.

Neben dem individuellen Verhalten der Welpen dem Menschen und bestimmten Reizen gegenüber, wie sie in den Welpentests im Vordergrund stehen, sollte man sich genügend Zeit nehmen, die Welpen im Spiel und in der Interaktion miteinander zu beobachten. Auch hier tut man vor allem als Hundeanfänger gut daran, keinen Welpen ins Auge zu fassen, der sich in irgendeiner Weise extrem zeigt. Sind Sie von der Seriosität und der Erfahrung des Züchters überzeugt, so sollten Sie Ihre eigenen Beobachtungen immer mit seinem Urteil abgleichen und sich bei der Auswahl auf jeden Fall von ihm unterstützen lassen.

Wie oft man den Züchter besuchen sollte

Haben Sie einen Züchter Ihres Vertrauens gefunden und sind sich sicher, dass Sie aus seinem Wurf einen Welpen haben möchten, so ist es empfehlenswert, bis zum Zeitpunkt der Abgabe so viele Besuche wie möglich einzuplanen. Wie bereits erwähnt, sollten Besuche ab der dritten Lebenswoche kein Problem sein. Von den Besuchen profitieren alle Beteiligten. Der Züchter erkennt, dass es Ihnen tatsächlich ernst ist und Sie Ihre Aufgabe als zukünftiger Besitzer ernst nehmen. Sie selbst haben wesentlich mehr Möglichkeit und Zeit, auf alle relevanten Punkte zu achten, alle wichtigen Fragen zu besprechen und die Entwicklung der Welpen zu beobachten. In der Regel ist man nämlich beim ersten Züchterbesuch verständlicherweise voller Vorfreude und Aufregung, was häufig dazu führt, dass man viele Dinge, die man eigentlich fragen wollte, vergisst. Vor allem aber profitieren die Welpen davon, positiven Kontakt zu fremden Menschen zu haben, was wiederum Ihnen in der weiteren Entwicklung des Hundes zugute kommen wird.

Nur durch mehrere Besuche erhalten Sie einen Gesamteindruck. Einzelbeobachtungen können trügerisch sein – womöglich war der „Ruhigste" nur gerade müde.

Wenn Sie Kinder haben, müssen diese auf jeden Fall an den Besuchen teilnehmen. So können die Welpen ihre ersten Erfahrungen mit dem Geruch und dem spezifischen Verhalten von Kindern machen. Verhaltensforscher betonen, dass ein frühzeitiges Kennenlernen von Kind und Hund die beste Prophylaxe gegen spätere Missverständnisse und Probleme ist. Letztlich ermöglichen Sie dem Welpen durch möglichst viele Besuche einen sanften Übergang vom Züchter in sein neues Zuhause und erleichtern ihm – und damit auch sich selbst – die bevorstehende Eingewöhnung. Aufgrund von großen Entfernungen haben leider nicht alle zukünftigen Besitzer die Möglichkeit zu mehreren oder häufigen Besuchen. Diejenigen, die in vertretbarer Nähe zum Züchter wohnen, sollten diese jedoch auf jeden Fall wahrnehmen.

Der richtige Zeitpunkt der Abgabe

Über den richtigen Zeitpunkt der Abgabe gibt es oft widersprüchliche Aussagen. Viele Züchter geben ihre Welpen mit acht Wochen ab, einige hingegen erst mit zehn oder gar mit zwölf Wochen. Verhaltensforscher weisen darauf hin, dass Welpen die Umstände und Bedingungen, auf die sie später als erwachsene Tiere treffen werden, optimalerweise mit acht und keinesfalls später als mit zwölf Wochen kennenlernen sollten. Auf der anderen Seite benötigen Welpen aber den Familienverband zum sozialen Lernen und aus diesem Grund wird manchmal dafür plädiert, junge Hunde erst ab der zehnten bis dreizehnten Lebenswoche abzugeben. Man muss also abwägen, was den Welpen beim Züchter tatsächlich geboten wird. Hat man einen Züchter, der sehr viel Zeit und Aufwand in die Umweltsozialisation seines Wurfes investiert, was weitaus mehr bedeutet als ein paar Ballspielchen im idyllischen Garten, so spricht nichts dagegen, den Welpen erst mit zwölf Wochen abzuholen. Doch wie gesagt: Um in seiner späteren Umwelt gut zurechtzukommen, muss er zu diesem Zeitpunkt schon vieles von der Welt gesehen und sein erstes Zuhause auch schon regelmäßig zu kleinen Ausflügen verlassen haben. In einem solchen Fall wird der Welpe – und damit natürlich auch Sie selbst – sehr davon profitieren, dass er wesentlich länger und intensiver in seinem innerartlichen Familienverband die Gelegenheit zum sozialen Lernen hatte. Finden jedoch von Seiten des Züchters keine verstärkten Maßnahmen zur Umweltsozialisation der Welpen statt, sollte man den Hund bereits mit acht Wochen zu sich nehmen und dafür Sorge tragen, dass in den nächsten wichtigen Wochen sowohl in Sachen Umweltgewöhnung als auch innerartliche Kontakte nichts versäumt wird.

Der richtige Abgabetermin sollte im Hinblick auf das züchterische Engagement in den ersten Lebenswochen geprüft werden.

Weitere Vorbereitungen

„Gassigebiete" erforschen!

Die meisten Hundefreunde werden erst durch den Einzug eines Vierbeiners zu leidenschaftlichen Spaziergängern und lernen ihre Umgebung gemeinsam mit ihrem Hund neu kennen. Bekommt man einen Welpen, benötigt man – vor allem für die Erziehungsspaziergänge (dazu später mehr) – je nach Erziehungsziel und -stand verschiedene Örtlichkeiten. Aus diesem Grund empfiehlt es sich, rechtzeitig mehrere Gassigehgebiete zu erforschen, die später aufgesucht werden können. Sie werden, um ganz in Ruhe und ohne Ablenkung mit dem Welpen üben zu können, zunächst Spazierwege benötigen, die wenig frequentiert sind. Genauso wichtig sind dann etwas später Wege mit leichter und mittlerer Ablenkung. Auch die „Pipiwiese" für schnell mal um die Ecke will gefunden werden, wenn Sie nicht möchten, dass der Garten zur Hundetoilette wird. Um dem Hund eine ordentliche Umweltsozialisation angedeihen zu lassen, müssen Straßen und Wege herausgesucht werden, die genügend vom wirklichen Leben zu bieten haben: Jogger, Radfahrer, Autoverkehr, Kinderwagen, Fußgänger usw. Wer ruhig auf dem Land lebt, wird seine Suche in erster Linie auf das Letztgenannte fokussieren müssen, Stadtbewohner hingegen sollten wissen, wo sie ablenkungsfrei spazieren gehen und üben können.

Sie haben bereits einen erwachsenen Hund?

Den Ersthund vorbereiten

Wenn Sie bereits einen erwachsenen Hund haben und sich zur Ergänzung Ihres „Rudels" noch einen Welpen wünschen, sollten Sie eine sorgfältige Vorbereitung des Ersthundes vornehmen und vor allem seine Akzeptanz Welpen gegenüber prüfen. Haben Sie jemanden im Bekannten- oder Freundeskreis mit einem Welpen bzw. Junghund, so bitten Sie um einen Besuch mit Hund bei sich zu Hause. Die meisten Hundebesitzer kennen die Reaktion ihres erwachsenen Hundes bei Spaziergängen auf Welpen recht gut und kämen sicherlich gar nicht auf den Gedanken, einen zweiten Hund anzuschaffen, wenn der Ersthund sich hier zweifelhaft benehmen würde. Dennoch kann das Verhalten innerhalb des eigenen Territoriums durchaus anders ausfallen als erwartet. Duldet das erwachsene Tier keine anderen Hunde im Haus, sollte man zum Wohl aller Beteiligten auf die Anschaffung eines Welpen zu diesem Zeitpunkt besser verzichten.

Ist eine generelle Verträglichkeit mit anderen Hunden und Welpen gegeben, so tut man gut daran, dem erwachsenen Hund – sofern nötig – einen letzten Schliff in Sachen Erziehung und Grund-

gehorsam zukommen zu lassen. Sobald der Welpe bei Ihnen einzieht, wird dieser sich bei aller hoffentlich vorhandenen Menschen-
bezogenheit stark an seinem erwachsenen Artgenossen orientieren
und viele – positive wie negative – Eigenschaften von ihm übernehmen. Hat Ihr Ersthund unangenehme Angewohnheiten, wie aufdringliches Benehmen bei Besuch, extremes Bellen, wenn es klingelt, Betteln bei Tisch, Nicht-Herankommen auf Zuruf usw., werden
Sie mit sehr hoher Wahrscheinlichkeit damit rechnen müssen, dass
Sie dieses Problem bald in zweifacher Ausführung bewältigen müssen. Ein gut erzogener und kontrollierbarer Ersthund hingegen ist
auf dem Weg zum wohlerzogenen Welpen bzw. Junghund bereits
die halbe Miete. Oft muss man leider damit rechnen, dass sich der
Erziehungsstand des ersten Hundes bei Einzug eines Artgenossen
um einiges verschlechtert, was besonders bei anspruchsvollen
Hunderassen oder -individuen der Fall sein kann, deren Grunderzie-
hung schon vor der Übernahme eines zweiten Hundes nur mittel-
prächtig war.
Genießt der Ersthund eine Art „Kronprinz-Status" ist es dringend
anzuraten, diesen vom Monarchen auf das Niveau eines freundlichen Hundes aus dem Volke herunterzustufen.

Bei so viel Fleiß des
Züchters erwartet
Sie ein gut sozia-
lisierter Hund.

Nicht immer ist eine Annäherung erwünscht. Angemessene Zurechtweisungen, die den Welpen nicht über die Maßen einschüchtern, sind noch kein Grund zur Sorge.

Möchte man den Welpen sorgfältig erziehen, sind einige Einzelausflüge nötig. Daher wird der erwachsene Hund – schon rein zeitlich – manches Mal gezwungen sein, zurückzustecken. Er muss sich außerdem problemlos wegschicken lassen, damit ungestörtes Üben und Erziehen des Neuankömmlings auch im Haus möglich ist. Er sollte kein Problem damit haben, nicht immer im Mittelpunkt zu stehen und nicht zu jedem Zeitpunkt an allem beteiligt zu sein. Diese anerziehbare Fähigkeit, sich anzupassen und einzufügen, ist übrigens auch eine gute Vorbeugung gegen spätere Konkurrenzstreitigkeiten zwischen den Hunden. Aggressive Auseinandersetzungen zwischen Hunden, die im selben Hausstand leben, sind keineswegs selten und waren in der Vergangenheit schon oft der Grund, warum wir zu Hausbesuchen gebeten wurden. In der Regel lagen menschliche Führungsschwäche oder zu viel „Verwöhnaroma" mindestens bei einem der Hunde, oft auch beiden gegenüber, vor. Ernsthafte Streitigkeiten zwischen Hunden, deren Besitzer sehr viel Wert auf Erziehung und Anpassungsfähigkeit legen und dies auch souverän vertreten, sind hingegen höchst selten. Um den familiären Frieden auch in Zukunft zu wahren und weiterhin Freude an der Hundehaltung zu haben, sollte man also den Erziehungsstand des Ersthundes vor Einzug des Welpen kritisch überprüfen und gegebenenfalls optimieren.

Wozu Welpenspielstunden gut sind

Welpenstunden sind ein „Muss"

Um es gleich ganz deutlich zu sagen: Spielstunden für Welpen sind ein absolutes Muss. Warum? Für wesentliche Lernvorgänge beim Hund (man spricht hier auch vom prägungsähnlichen Lernen) hat die Natur ein Zeitfenster bis etwa zur 16. bzw. 18. Lebenswoche vorgesehen. Das heißt, dass es einen relativ klar umrissenen zeitlichen Rahmen gibt, der zur optimalen Entwicklung genutzt werden muss. Verstreicht diese Phase ungenutzt, so muss man mit Verhaltens- und evtl. sogar körperlichen Defiziten rechnen, die schwer bis gar nicht behebbar sind.

Kontakt zu anderen Hunden

Welpen sind nach der Herausnahme aus dem Wurf zunächst einem innerartlichen Kontaktabbruch ausgesetzt. Da nicht nur der Mensch, sondern auch Artgenossen für den Hund Sozialpartner sind und bleiben müssen, ist der weitere kontrollierte Kontakt also unabdingbar. Das Beispiel der so wichtigen Beißhemmung mag dies verdeutlichen: Diese sollte in der Zeit von der 3. bis zur 12. Lebenswoche erlernt werden. In der Regel verlassen die Welpen ihre Wurfgeschwister in der 8. Woche; ihnen fehlt nun der familiäre Background, der die Voraussetzung für weiteres innerartliches Lernen diesbezüglich bildet. So wichtig der Mensch als Sozialpartner für den Welpen nun sein mag, ersetzen kann er ihm die Wurfgeschwister in dieser Phase nicht.

Warum Spielen wichtig ist

Die Beißhemmung anderen Hunden gegenüber ist jedoch noch lange nicht alles, was der Welpe durch das Spiel mit Altersgenossen lernen kann und muss. Im Spiel werden motorische Fähigkeiten, Muskelwachstum und Sinnesorgane entwickelt und gefördert. Durch die spielerische Auseinandersetzung miteinander lernen Welpen, was von anderen geduldet wird und was zum Spielabbruch führt. Junge Hunde, die keine ausreichende Möglichkeit zum Sozialspiel haben, können später mit ihresgleichen nicht mehr angemessen kommunizieren. Viele Hundefreunde halten den regelmäßigen Kontakt mit Hunden aus der Nachbarschaft, dem Bekanntenkreis oder von der Spielwiese für ausreichend, doch dies ist nicht der Fall. Die Spielpartner müssen sich im Spielverhalten, und das bedeutet in erster Linie im Alter, entsprechen, damit das Spielen tatsächlich seine erzieherischen und entwicklungsfördernden Auswirkungen entfalten kann. Trifft man mit seinem frisch erworbenen Welpen regelmäßig auf juvenile oder erwachsene Tiere, mag das Grund zur Freude sein. Dieselben Lernerfahrungen wie mit Gleichaltrigen jedoch sind unmöglich. Denken Sie an unsere Kinder: Mit der größten Selbstverständlichkeit schicken wir sie in den Kindergarten. Gefragt nach den Gründen, argumentieren wir mit der Notwendigkeit des Kontakts zu Gleichaltrigen. Stellen Sie sich vor, Ihr dreijähriges Kind hätte ausschließlich die Möglichkeit, mit Sieben- bis Elfjährigen oder gar nur mit Erwachsenen zu spielen und seine Zeit zu verbringen ...

Begegnungen mit unterschiedlichen Rassen

Genauso wichtig ist es, dass sich der Kontakt zu Gleichaltrigen nicht nur mit Welpen derselben Rasse abspielt. Vergessen Sie nie, dass Welpenspielstunden keinen Selbstzweck darstellen, sondern der Vorbereitung auf das Leben in einer Welt dienen, die bunt ist und in der es auch Wesen gibt, die anders aussehen als man selbst. Sollten Sie als Rassehundebesitzer die Spielstunden Ihres Rasseverbandes wahrnehmen wollen, empfiehlt es sich, zusätzlich eine Gruppe zu besuchen, in der Welpen aller Couleur vertreten sind.

Gesundheitliche Gefährdung?

Häufig fürchten Welpenbesitzer, ihre Tiere könnten durch den frühzeitigen Besuch einer Spielstunde gesundheitlich gefährdet sein, da sie noch nicht über den vollständigen Impfschutz verfügen. Es gibt leider auch immer wieder Züchter, die mit diesem Hinweis vom Besuch einer Welpenspielstunde abraten. Man kann dieses Argument nicht ohne Weiteres vom Tisch fegen, denn tatsächlich sind Welpen mit acht Wochen noch nicht komplett durchgeimpft. Dennoch empfehlen wir Welpenbesitzern sofort nach der Übernahme regelmäßig an Spielstunden teilzunehmen, da diese aus den bereits genannten entwicklungsspezifischen Gründen unverzichtbar sind. Die jungen Tiere verfügen in dieser Phase über einen gewissen Impfschutz, den sie von ihrer Mutter mitbekommen haben. Die möglichen Entwicklungsschäden bei nicht ausreichendem Kontakt zu Gleichaltrigen sind unseres Erachtens ein wesentlich größeres Risiko als eine mittlerweile doch recht geringe Gefahr der Ansteckung. Wir bezeichnen Welpenspielstunden gerne als Impfen für die Seele. Beim Verzicht darauf verpasst das junge Tier zu viel von dem, was für eine gesunde Verhaltensentwicklung notwendig ist.

Info
Warum die ersten Lebenswochen so wichtig sind

In den ersten zwölf Lebenswochen durchläuft der Welpe verschiedene Phasen. So spricht man bis etwa zur 3. Lebenswoche zunächst von der neonatalen Phase, in der die neugeborenen Hunde sich ausschließlich im direkten Aktionsraum der Mutter befinden. Das Leben der Welpen wird vor allem durch die Berührungs- und Wärmereize der Mutterhündin bestimmt. Fehlen diese Reize, reagieren die Welpen, indem sie durch Krabbeln und sogenanntes Suchpendeln versuchen, dieses Defizit wieder aufzuheben. Ansonsten überwiegen komfort- und stoffwechselbedingtes Verhalten. Abgelöst wird die neonatale Phase durch die sogenannte Übergangsphase, von der man etwa bis zur 4. Woche spricht. Hier entwickeln sich in physiologischer, ethologischer und morphologischer Hinsicht die Grundvoraussetzungen dafür, dass der Welpe in der folgenden Sozialisierungsphase soziale Beziehungen aufnehmen kann: Bestimmte Bewegungsmuster tauchen auf, ebenso spezifische Lautäußerungen wie infantiles Bellen, Knurren, Fiepen und Winseln, das Gehen und das Sitzen werden koordinierter. In der Sozialisierungsphase, die grob gesprochen von der 4. bis zur 16. bzw. 18. Woche dauert, werden soziale Verhaltensweisen zunehmend auf den Menschen, die Geschwister sowie die Mutterhündin gerichtet. Können diese Interaktionen nicht stattfinden, weil die Welpen in irgendeiner Hinsicht isoliert aufwachsen müssen, so werden sie Symptome entwickeln, die für sozialen Erfahrungsentzug typisch sind. Häufig sind hier Apathie, Hyperaktivität, Unsicherheit und Angst, die in bedrängenden Situationen zu Attacken gegen Mensch oder Tier führen kann. Auch wenn der Hund ein Leben lang lernfähig bleibt, lassen sich Defizite in der Frühentwicklung später nur schwer bis gar nicht aufholen. Mittlerweile weiß man übrigens, dass die rassespezifischen Unterschiede der Verhaltensentwicklung in den genannten Lebensphasen recht groß sind.

Welpenspielstunden: einfach entzückend anzuschauen und pädagogisch wertvoll.

Die richtige Welpenspielstunde finden

Die Zeit des Wartens auf Ihr neues Familienmitglied sollten Sie damit nutzen, Welpenspielstunden in Ihrer Umgebung bereits ohne Hund zu besuchen und so die für Ihren Welpen passende auszuwählen. Der entscheidende Vorteil einer frühzeitigen Suche liegt darin, dass Sie sich so vollständig auf das Beobachten der Vorgänge dort konzentrieren können, denn Welpenspielgruppen, die inzwischen ja flächendeckend angeboten werden, unterscheiden sich leider ganz deutlich in ihrer Qualität und darüber sollte man sich ein Bild machen, bevor der eigene Welpe dies ausbaden muss.

Kriterien für gute Welpenspielstunden

Alters- und Anzahlbegrenzung

Leider gibt es immer noch wesentlich häufiger, als man meinen möchte, Spielstunden für Welpen, die weder alters- noch anzahlmäßig einer Beschränkung unterliegen und in der regelmäßig motorisch weiter entwickelte Junghunde an völlig überforderten Welpen ihre Kräfte erproben dürfen. Auch wenn gegen die gelegentliche Anwesenheit eines erwachsenen wesensfesten Hundes in der Welpenspielstunde nichts einzuwenden ist, sollten die anwesenden Welpen prinzipiell unter sich sein. Sie sollten in der gleichen Entwicklungsphase sein, wovon man nur dann ausgehen kann, wenn sich keine Junghunde über 16 Wochen in der Gruppe befinden. Ist dies der Fall, sollte es dafür eine Erklärung geben. So kann es durchaus sinnvoll sein, einen bereits älteren Hund in der Welpenspielgruppe zu belassen, weil er sich vor Hunden seines Alters fürchtet.

Es sollten nicht mehr als acht Welpen in der Spielstunde anwesend sein. Bei größeren Gruppen müssen mindestens drei bis vier Gruppenbetreuer anwesend sein, um eine optimale Beaufsichtigung zu gewährleisten. Die Leitung einer Spielgruppe ist eine anspruchsvolle Angelegenheit, die viel Fachkompetenz erfordert.

Umgang mit Auseinandersetzungen

Ein weiteres Qualitätskriterium ist der Umgang mit Auseinandersetzungen zwischen den Welpen. Denn auch wenn die Spielstunden einer Altersbeschränkung unterliegen, muss der Erkenntnis Rechnung getragen werden, dass sich Welpen rasse- und individuumsbedingt in unterschiedlicher Geschwindigkeit entwickeln und darüber hinaus völlig verschiedene Voraussetzungen mit in die Spielstunde bringen: So gehört beispielsweise der eine Welpe einer kleinwüchsigen Rasse an und gruselt sich vor „den Großen", ein anderer wurde eventuell sehr früh von seinen Wurfgeschwistern

Die Welt ist bunt
und nicht alle Vier-
beiner sehen wie
die Geschwister
aus: Auch das will
gelernt werden.

getrennt und ist etwas schüchtern, ein weiterer ganz und gar mit
der Hand aufgezogen und sieht seinesgleichen das erste Mal. Der
nächste ist mit seinen zehn Wochen motorisch sehr weit entwickelt
und hat ein äußerst stürmisches Spielverhalten, während der Rest
der Truppe ein recht einheitliches Bild abgibt.

Während früher in Spielstunden ungehemmt aufgenommen wurde,
was vier Beine hatte und bellen konnte, hat es sich zwar weitgehend
durchgesetzt, alles über der 16. Lebenswoche aus der Welpenspielstunde in eigene, altersgemäße Spielgruppen zu überführen. Damit
ist es jedoch noch lange nicht getan. Leider ist es immer noch gang
und gäbe, dass der oben zitierte stürmische Vertreter auf dem Kleinhundwelpen herumhüpfen und sich an dessen komischen Lautäußerungen erfreuen darf. Der schüchterne Neuankömmling wird quer
über den Platz gejagt oder zwei junge Draufgänger steigern sich so
sehr in ihr Spiel, dass sie kurz vor einer ernsthaften Auseinandersetzung stehen, ohne dass dies von den Spielgruppenleitern auch
nur registriert, geschweige denn unterbunden wird. Damit sich Welpen weder zu ewigen Opfern noch zu notorischen Mobbern und
Raufbolden entwickeln, müssen übertriebene Aktionen von den
Leitern abgebrochen werden. Ein guter und erfahrener Spielgruppen-
betreuer wird nicht nur in jedem Fall erklären können, warum er
eine Aktion zu welchem Zeitpunkt abgebrochen hat, sondern er
wird auch seine Reaktionen stufenweise einsetzen und dabei klein

anfangen. Häufig reicht es völlig aus, den übertrieben draufgänge-rischen Welpen schnell hochzunehmen und eine kurze Weile auf dem Arm festzuhalten, damit er etwas abkühlt und sich sodann wieder nach einem passenden Spielpartner umsieht.

Der Spiel-gruppenleiter

Einen guten Spielgruppenleiter, und damit eine gute Spielgruppe, erkennt man auch am Umgang mit Neuankömmlingen und mit Besitzern ängstlicher Welpen. Gerade der erste Besuch einer Spiel-stunde verläuft oft alles andere als bilderbuchmäßig. Der Welpe sitzt nur zwischen den Füßen seiner Menschen, an lustiges Spiel mit anderen ist gar nicht zu denken. Ein erfahrener Spielgruppen-betreuer weiß, was in den Köpfen der Besitzer nun vorgeht: „Ob ich hier noch einmal herkommen soll? Er spielt ja gar nicht, hat nur

Gelöstes Spiel unter Gleichaltrigen: Hier passt die Zusammensetzung.

Angst!" Aus diesem Grund sollte hier eine besondere Bemühung verbunden mit entsprechenden Erklärungen von Seiten der Spiel-gruppenleitung beobachtbar sein: Werden die Besitzer über die Gründe des Verhaltens aufgeklärt? Bekommen Sie selber Verhaltens-tipps, wie auf die momentane oder generelle Ängstlichkeit reagiert werden soll? Zeigt man Ihnen Beispielwelpen in der Gruppe, die bei den ersten Besuchen ähnlich verunsichert waren, nun aber völlig gelöst spielen? Klärt man Besitzer ängstlicher Welpen darüber auf, warum es so wichtig ist, jetzt durchzuhalten? Der Umgang mit ängstlichen und schüchternen Welpen sollte einer klaren Linie fol-gen: Sie werden weder bedauert noch gehätschelt oder ständig hochgenommen, um ihre Unsicherheit nicht zu verstärken, aber in jedem Fall geschützt: Zu forsch auftretende Welpen werden daran gehindert, ihnen Angst zu machen, indem man deren Interesse auf andere Spielpartner lenkt – die zum gegenwärtigen Zeitpunkt die geeigneteren sind. Insgesamt werden situative Erklärungen zum Verhalten von Hund und Mensch – in allgemeinverständlicher Form – gegeben; ein guter Spielgruppenbetreuer hat auf die Frage „Warum?" mehr zu bieten als nur eine Meinung.

Kleinhundwelpen   Ein letztes Wort für Besitzer von Kleinhundwelpen: Sie haben es mit der Suche nach einer geeigneten Spielstunde besonders schwer. Nicht alle Spielgruppen haben überhaupt Kleinhundwelpen zu bieten, und ein Schäferhundwelpe ist nun einmal häufig kein passender Spielpartner für einen Yorkshire-Welpen, auch wenn die beiden im gleichen Alter sind. Dennoch benötigen auch Kleinhunde eine vernünftige Sozialisation. Achten Sie daher besonders darauf,

Wichtig!
Welpenschutz

Bitte verlassen Sie sich bei der Aufzucht Ihres Welpen nicht auf den leider immer noch viel zitierten allgemeinen Welpenschutz. Nach dem heutigen Stand der Dinge gibt es einen solchen lediglich für Welpen des eigenen (natürlichen!) Rudels und keineswegs pauschal für alle jungen Vierbeiner. Auch wenn sich viele erwachsene Hunde fremden Welpen gegenüber freundlich oder neutral verhalten, empfiehlt es sich, zunächst immer nach der Welpenverträglichkeit zu fragen und erst dann einen Kontakt zuzulassen.

dass die Spielgruppe kontrolliert geführt wird und nicht nach dem Motto „Die machen das schon unter sich aus" laufen. Es kann durchaus sein, dass Sie bei Ihrer Suche größere Wegstrecken werden in Kauf nehmen müssen. Übrigens: Je etablierter, erfahrener und bekannter eine Hundeschule oder ein Verein mit Welpenspielgruppe ist, desto wahrscheinlicher ist es, dass dort mittlerweile auch Kleinhundbesitzer ihren Weg hinfinden und Ihr Welpe auf passende Spielpartner trifft.

Zur Spielstunde in die Hundeschule oder in den Verein?

Ob man eine Spielgruppe in der Hundeschule oder in einem Verein besucht, muss nicht zur Gretchenfrage erhoben werden. Die genannten Kriterien jedoch sollten – egal wo – erfüllt werden und dazu sind Erfahrung und Wissen vonnöten. Es reicht nicht aus, selber schon einmal einen Welpen gehabt zu haben oder einen eigenen, erwachsenen Hund zu betreuen. Sowohl in der Hundeschule als auch im Verein sollten genügend Mitarbeiter zur Spielgruppenbetreuung anwesend sein. Optimalerweise gibt es Ausweichspielgruppen für Junghunde; auch dies ist nur mit einem größeren

Eine der wichtigsten Erfahrungen im Leben eines jungen Hundes: Stress kann bewältigt werden!

Mitarbeiterstab zu bewältigen. Es sollte kein häufiger Wechsel der Mitarbeiter stattfinden; ebenso wie die Betreuer die Hunde und Menschen kennen sollten, müssen die zweibeinigen Besucher wissen, mit wem sie es zu tun haben. Nur so ist eine adäquate Verhaltenseinschätzung der anwesenden Welpen sowie der Aufbau eines vertrauensvollen Verhältnisses zu den Besitzern möglich.

Rassespiel-stunden

Wie bereits angedeutet, sind reine Rassespielstunden, wie sie in manchen Vereinen angeboten werden, zwar eine tolle Sache. Gerade großwüchsige Hunde, wie z. B. Doggen, haben ein ganz spezifisches, rassetypisches Spielverhalten, das sie nicht mit jedem Hund ausleben können. Dennoch müssen auch Rassehunde lernen, dass es außer dem eigenen „Spielstil" noch etwas anderes gibt. Gemischte, kontrolliert geführte Gruppenspielstunden bieten eine sinnvolle Ergänzung, da man dort lernt, sich auch anderen anzupassen und Rücksicht auf kleinere Artgenossen zu nehmen. Sie sollten daher zusätzlich zu Rassespielstunden wahrgenommen werden.

Bei der Integration unsicherer Welpen oder Kleinhundwelpen ist von Seiten der Leiter viel Augenmaß und Erfahrung vonnöten.

Fragen zur Erziehung

In der Hundeschule, im Verein oder allein erziehen?

Während die Welpenspielstunde unserer Meinung nach zum Wohle der Hunde prinzipiell von jedem Welpenbesitzer besucht werden sollte, ist die Frage, ob man sich zur Erziehung besser Unterstützung holt, nicht in derselben Eindeutigkeit beantwortbar. Hundeerziehung kostet in jedem Fall Zeit und Engagement, ob mit Hundeschule oder ohne. Wer durch entsprechende Literatur gut informiert die Erziehung seines Welpen ganz allein in die Hand nehmen möchte, muss keineswegs schlechter abschneiden als jemand, der professionelle oder ehrenamtliche Unterstützung in Anspruch nimmt. Viel wichtiger als diese ist nämlich eine entsprechende Einstellung und Haltung: Wer seinen Hund eigentlich gar nicht wirklich erziehen will und stattdessen lediglich auf die Einhaltung einiger weniger – von ihm selbst definierter und für den Hund kaum differenzierbarer – Regeln besteht, wie: „Der soll ja nur kommen, wenn ich ihn rufe", wird so oder so keinen rechten Erfolg haben. Hundeerziehung ist eine ganzheitliche Angelegenheit (auch dazu später mehr!) und besteht nicht nur im willkürlichen Unterbinden einiger Angewohnheiten, die den Menschen stören. Dem Hund generell und täglich die Haltung eines Erziehers entgegenzubringen, ist die Grundvoraussetzung, die man als Besitzer mitbringen muss, wenn man ein wohlerzogenes Tier haben möchte, dass einem selbst und seiner Umgebung Freude macht. Erfahrene Hundeschulen und Vereine können hierbei hervorragende Partner sein. Den notwendigen Willen allerdings muss man selber einbringen.

Wie finde ich gute Hundeerzieher?

Das Angebot an Erziehungskursen und Hundeschulen ist inzwischen schier unüberschaubar geworden. Sowohl in der Tagespresse als auch im Internet wird man zunächst schnell fündig. Doch leider ist a priori weder der Berufshundetrainer oder Verhaltensberater ein Garant für Qualität noch der alteingesessene Verein mit hoher Mitgliederzahl. Auch wenn es mittlerweile seriöse Ansätze gibt, das Berufsbild des Hundetrainers in Deutschland zu professionalisieren, kann (noch) jeder, der sich berufen fühlt, eine Hundeschule eröffnen oder sich in einem Verein engagieren. Daher empfiehlt es sich, in die Auswahl entsprechende Sorgfalt zu investieren, und zwar möglichst, bevor der Welpe einzieht. So sollte die anvisierte Hundeschule einem der bundesweiten Fachverbände für Hundeschulen angehören, da diese regelmäßige Weiterbildungen bieten oder diese von ihren Mitgliedern sogar ausdrücklich verlangen. So gut wie alle Vereine und auch Hundeschulen bieten außerdem die Möglichkeit, beim Unterricht unverbindlich zuzuschauen, bevor man sich definitiv anmeldet. Dieses Angebot sollten Sie unbedingt an mehreren Stellen nutzen!

Kriterien für gute Hundeerzieher

Eine gute Ausbildungsstätte hat, ebenso wie die Welpenspielgruppe, eine Vielzahl Kriterien zu erfüllen. Unabdingbar ist eine individuelle Herangehensweise an Mensch und Tier. Dazu müssen rassespezifische Unterschiede unbedingt bekannt sein und innerhalb des Unterrichts eingebaut werden. Die Erziehung beispielsweise eines Jagdhundwelpen, der nicht jagdlich geführt werden soll, bedarf einer anderen Herangehensweise als bei einer klassischen Familienhundrasse. Welpenerziehung darf sich nicht in standardisierten Übungen à la **SITZ**, **PLATZ**, Leinenführigkeit erschöpfen. Alltagserziehung wie Verhalten im Haus, Fremden und Besuch gegenüber, stressfreie Spaziergänge, Herankommen in Realsituationen, Umgang mit Kindern, Reaktion auf grobes Spielverhalten und Hochspringen, Vermeidung einer Etablierung unangenehmer Angewohnheiten usw. sollten im Vordergrund stehen. Besonders wichtig ist

Die Auswahl einer sorgfältig geführten Welpenspielgruppe ist mehr als lohnenswert.

die theoretische Schulung der Besitzer, insbesondere die Aufklärung über die Sozialisationsphase, deren Bedeutung und optimale Ausnutzung. Die Trainer sollten ihre Schützlinge auch im gewohnten Alltagsumfeld erleben, das heißt nach Möglichkeit oder nach Bedarf Hausbesuche durchführen, um an Ort und Stelle korrigierend eingreifen zu können. Viele der genannten Punkte sind vor allem im Einzelunterricht realisierbar, der noch weitere Vorteile mit sich bringt. Ein erfahrener Hundetrainer wird Entwicklungsschübe und –stillstände bei Ihrem Welpen mühelos erkennen und das Erziehungsprogramm individuell anpassen. Es ist nicht immer sinnvoll, jede Woche eine neue Stunde zu absolvieren. In gewissen Phasen benötigen Welpe und Besitzer mehr Betreuung, während es in anderen Phasen gut läuft und eine teure Unterrichtsstunde evtl. zu einem späteren Zeitpunkt sinnvoller platziert wäre. Dies individuell abzusprechen, ist nur bei einer Einzelbetreuung möglich. Insgesamt kann beim Gruppenunterricht von Haus aus viel weniger Rücksicht auf Situation und Lernausgangslage eines jeden Teilnehmers genommen werden. Das soll nicht heißen, dass Unterricht in der Gruppe prinzipiell schlecht sein muss; die oben erwähnten Kriterien einzuhalten jedoch, ist wesentlich schwieriger. Wir haben die besten Erfahrungen damit gemacht, die Welpenspielstunden durch Einzelunterricht zu ergänzen. So bekommt man Mensch und Hund noch häufiger zu Gesicht und lernt einander sehr gut kennen. Außerdem können auf diese Weise sowohl soziales und gemeinschaftliches Lernen als auch eine individuelle Herangehensweise gewährleistet werden.

Ein weiteres Qualitätskriterium stellen die didaktischen Fähigkeiten, das kynologische Wissen und die Erfahrung der Unter-

richtenden dar. Unterrichtsinhalte müssen verständlich erklärt werden können. Gute Hundetrainer können ihr Wissen plausibel machen und verlieren sich nicht in bloßen Behauptungen. Um dies herauszufinden, sollten Sie so oft wie möglich nach dem „Warum?" bestimmter Maßnahmen fragen. So werden Sie sehr schnell feststellen, ob Behauptungen und Ideologien Argumente ersetzen müssen oder ob tatsächliches Fachwissen und Erfahrung zugrunde liegen.

In dieser Entwicklungsphase lernen Welpen beständig und einprägsam, jedoch mit individuell unterschiedlichem Tempo.

Da in der Hundeerziehungsszene die wildesten Theorien herumschwirren, sollte man sich die Mühe, einen Trainer auf Herz und Nieren zu prüfen, durchaus machen. Dann lösen sich haarsträubende, aber leider real existierende Aussagen wie „Jeden Tag spazieren gehen ist unzumutbarer Stress für den Hund" u. Ä. ganz schnell in Wohlgefallen auf. Bitten Sie ruhig auch darum, einen Blick auf die Hunde der Trainer werfen zu dürfen. Keinesfalls sollten diese den Eindruck von dressierten Zirkustieren machen. Aber ein problemloses Heranrufen ohne Hektik und Geschrei aus jeder Situation bzw. ein Abhalten von bestimmten Aktionen sollte auf jeden Fall beobachtbar sein. Viele Besitzer von Rassehunden fahren auch bei der Erziehung ihrer Welpen zweigleisig und nutzen die Angebote ihrer Rasseverbände sowie die Erziehung in einer Hundeschule. Das ist prinzipiell durchaus in Ordnung, sofern die Erziehungsstile nicht meilenweit auseinanderliegen und der Welpe dadurch eine starke Verunsicherung erfährt.

Last but not least muss man sich zwischenmenschlich mit seinem Hundetrainer wohl fühlen. Sind Sie bei der ersten Begegnung nicht sicher, so kann die Frage zur Meinung über einen bestimmten „Guru" in der Hundeerziehungsszene oder einen anderen Trainer in der Nähe von großem Aufschluss sein. Verliert sich der befragte Hundeerzieher in bloßen Beschimpfungen und negativen Ergüssen über die Arbeit des „Konkurrenten"? Oder begründet er rein sachlich, ohne sich auf die Beziehungsebene zu begeben, warum er die Methoden des anderen für sinnvoll oder wenig sinnvoll hält?

Möchten Sie mit Ihrem Welpen bei jemandem Unterricht nehmen, der schlecht über andere spricht und Beziehungs- und Sachebene nicht voneinander trennen kann?

Die Grundausstattung für den Hund

Der Schlafplatz

Der Welpe benötigt einen festen Platz im Wohn- und Schlafbereich. Um diesen entsprechend kenntlich zu machen, sollte man ein Körbchen oder eine Hundebox (S. 106) anschaffen. Im Handel werden inzwischen Kunststoffkörbchen in allen Größen angeboten, die zwar nicht so schön aussehen wie die klassischen Weidenkörbchen, dafür aber leicht zu reinigen sind. Bei der passenden Decke sollte man für die Welpenzeit nicht zu etwas Teurem greifen. Es ist recht zweifelhaft, ob die erste eigene Decke im Leben eines Welpen besonders alt werden wird und daher ist zunächst Funktionalität, sprich Waschbarkeit, wesentlich.

Halsband und Leine

Beim passenden Halsband sollten Sie zu einem stufenlos verstellbaren Halsband greifen, das mitwachsen kann, aber zu Beginn nicht zu groß sein darf, damit es nicht über den Kopf rutscht. Die optimale Leine ist ebenfalls verstellbar und mit Doppelhaken versehen, da eine solche sich am besten für die notwendigen Erziehungsmaßnahmen an der Leine eignet. Muss der Hund angebunden werden, sorgt eine verstellbare Leine mit Doppelhaken außerdem für ein gefahrloses Festmachen des Tieres, da beim Hantieren einer der Haken am Halsband bleiben kann. Für die Erziehung außer Haus benötigen Sie eine 10-Meter-Schleppleine, das Gewicht muss an die Größe des Hundes angepasst sein. Auch hier bietet der Handel mittlerweile genügend Auswahl an. Bitte verzichten Sie auf die Anschaffung einer Rollleine, diese ist ein erzieherischer „Super-Gau" und gefährlich noch dazu. Hunde lernen durch das Laufen an dieser Art von Leine, dass man seinen Aktionsradius an der Leine beliebig ausdehnen kann, wenn man sich nur genügend ins Zeug legt und ordentlich zieht. So gut wie alle unserer Kunden erwachsener oder juveniler Hunde beschweren sich beim Erstgespräch bitterlich über die mangelhafte Leinenführigkeit ihrer Tiere. Viele der „angeklagten" Hunde haben Rollleinen-Erfahrung und diejenigen Besitzer, die sich schließlich überzeugen lassen, von dieser Leine Abstand zu nehmen, haben auch gute Aussichten auf Erfolg. Wenig beachtet wird außerdem, dass die Rollleine durchaus gefährlich sein kann. Die Feststelltaste löst sich oft im unpassendsten Moment und der Hund kann ungehindert auf die Straße laufen. In einer deutschen Stadt hat dies derart häufig zu Belästigung und Behinderungen von Passanten geführt, dass man dort in den belebten Fußgängerpassagen die Benutzung von Rollleinen verboten hat. Doch auch der

Nun ist der Welpe endlich da, doch welche Utensilien benötigt er?

Welpe selbst ist gefährdet. Als eine unserer Kundinnen mit ihrem Terrier-Welpen an einer belebten Kreuzung entlanglief, löste sich die Fixierung genau in dem Moment, in dem ein schwerer Lastwagen an ihr vorbeifuhr. Der Fahrtwind zog das leichte Tier unter die Räder, es war sofort tot.

Pflegeutensilien Der Grundausstattung hinzufügen sollte man ebenfalls gleich zu Beginn solche Bürsten, die dem späteren Fell des Tieres angemessen sind. Der Welpe muss sie von Anfang an kennenlernen, damit es später keine Probleme gibt. Hunde, deren Fell im Erwachsenenalter ständige Pflege benötigt, sollten darauf vorbereitet sein, dass es auch mal ziepen kann. Für Welpen, die als erwachsene Tiere regelmäßig geschoren werden, müssen spezielle Vorbereitungen getroffen werden. So empfiehlt es sich, sie schon in der Welpenphase regelmäßig mit dem Geräusch einer Schermaschine und nach Möglichkeit auch mit der Atmosphäre eines Hundesalons vertraut zu machen. Auch eine Zeckenzange sollten Sie beim Einzug des Welpen schon angeschafft haben. So können Sie Ihren Hund bei einem eventuellen Befall schnell und vor allem ohne Rückstände von diesen Plagegeistern befreien.

Snuggle-Safe

Haben Sie einen Winterwelpen einer kleineren Rasse oder mit kurzem Fell, der häufiger einmal im Auto warten muss, benötigt man eine Wärmequelle, denn bei diesen Welpen besteht die Gefahr einer Auskühlung. Neben herkömmlichen Mitteln wie der Wärmflasche bietet sich hier die Anschaffung eines sogenannten „Snuggle-Safe" an. Dieser hat die Größe und das Aussehen eines mittelgroßen Tellers und wird in der Mikrowelle erwärmt. Er wird lediglich warm und nicht heiß, sodass eine Verbrennungsgefahr ausgeschlossen ist, und gewährleistet mehrere Stunden zuverlässige Wärme. Zusammen mit einer Decke nehmen vor allem Kleinhundwelpen dies sehr gerne an.

Spielzeug und Kauartikel

Beim Kauf des richtigen Spielzeuges für Welpen sollte man darauf achten, dass dieses möglichst nicht kaputtgebissen werden kann. Fragen Sie bei Gummispielzeug in einem Zubehörfachgeschäft speziell nach welpengeeigneten und bewährten Dingen. Eine recht hohe Lebensdauer und vor allem auch Beliebtheit bei Welpen wie erwachsenen Hunden haben sogenannte Knotentaue, ein solches sollte man auf jeden Fall anschaffen. Es ist keineswegs erforderlich, eine ganze „Spielkiste" für den Welpen anzulegen. Ein solches Knotentau, dass der Welpe zur freien Verfügung haben darf und einige

Eine durchaus erweiterbare Minimalausstattung.

Kommunikationsspielzeuge, wie Kong-Bälle oder Apportierspielzeuge, die lediglich zum gemeinsamen Spiel bestimmt sind, reichen völlig aus. Bei der Auswahl der Kauartikel für den Welpen sollte man auf eine möglichst hohe Verträglichkeit achten und nichts Fettes, wie beispielsweise Schweine- oder Rinderohren wählen, bewährt haben sich für Welpen vor allem Kauartikel aus Lamm.

Info
Brustgeschirr oder Halsband?

Selbstverständlich kann man seinem Welpen auch ein Brustgeschirr anstelle eines Halsbandes anlegen. Dabei sind jedoch einige Aspekte zu beachten. Das Brustgeschirr sollte immer ausgezogen werden, sobald der Welpe nicht mehr an der Leine geführt wird und frei läuft, da sonst eine Verletzungsgefahr – insbesondere beim Spiel mit Artgenossen - nicht ausgeschlossen werden kann. Muss man den Welpen dann aus bestimmten Gründen einmal schnell greifen und fixieren, tut man sich unter Umständen sehr schwer, da die Interessen des Welpen nicht immer denen seines Besitzers entsprechen werden. Außerdem ist darauf zu achten, dass das Brustgeschirr sehr gut sitzt und dabei in jeder Wachstumsphase genau angepasst wird. Es ist erstaunlich, wie schnell sich auch schon Welpen in Sekundenschnelle aus schlecht sitzenden Geschirren winden; nicht immer befindet man sich dann gerade auf einem stillen, unbefahrenen Feldweg. Erzieherisch bietet das Geschirr beim Welpen zunächst weder gravierende Vor- noch Nachteile. Je älter der Hund allerdings wird, desto mehr unterstützt das Geschirr das an der Leine ziehende Tier, da das Ziehen mit der Brust für den Hund wesentlich angenehmer und vor allem effektiver ist. Beim Welpen ein Halsband zu verwenden, ist keineswegs schädlich, solange man es nicht durch Zerren oder Rucken missbraucht. Abzulehnen sind selbstverständlich Halsbänder, die sich zuziehen. Seit einer Weile bietet der Handel sogenannte „Bei-Fuß-Trainer" an, die zunächst einmal wie ein harmloses Brustgeschirr aussehen, dabei aber mit dünnen Schnüren unter den Achseln des Hunde entlanglaufen. Auch diese sind unseres Erachtens ungeeignet, da sie gerade kurzfelligen Hunden Schmerzen zufügen können.

Ein Brustgeschirr muss, so wie hier abgebildet, immer gut sitzen und in allen Wachstumsphasen entsprechend angepasst werden.

Auto-Ausstattung Die entsprechende Auto-Ausstattung für den Welpen muss zwei Aspekte berücksichtigen. Zunächst muss der Fahrer ungestört und sicher sein Fahrzeug führen können, um weder sich selbst noch andere zu gefährden. Das ist mit einem Hund, der während der Fahrt im Auto nicht fixiert ist und auf Wanderschaft geht, schlicht nicht möglich. Ferner muss das Tier ebenfalls geschützt und daher zuverlässig gesichert werden, damit es im Falle eines Unfalls nicht den direkten Weg durch die Windschutzscheibe nimmt. Von Seiten des Gesetzgebers, der inzwischen eine Sicherung von Hunden im Auto vorschreibt, werden sowohl Sicherheitsgurte als auch Boxen und TÜV-geprüfte Hundegitter akzeptiert, die sich vor allem für Kombifahrzeuge eignen. Leider sind die derzeit gängigen Sicherheitsgurte für Welpen nicht TÜV-geprüft. Sie ermöglichen somit zwar dem Fahrer eine ungestörte Fortbewegung, halten der Belastung, denen sie beispielsweise bei einem Auffahrunfall ausgesetzt sind, jedoch oft nicht stand und reißen. Somit sind – zumindest momentan – für die Sicherheit von Mensch und Welpe im Auto Hundeboxen, die fest verankert werden müssen, die beste Alternative. Übrigens sichern viele Hundebesitzer, die eine Box im Auto für eine unzumutbare Freiheitsberaubung halten, mit der größten Selbstverständlichkeit ihre Kleinkinder in Kindersitzen, in denen diese sich noch viel weniger bewegen können als der Hund in der Box. Warum hier, noch dazu zu Ungunsten der Sicherheit Unterschiede gemacht werden, kann uns nicht recht einleuchten.

Die vorschriftsmäßige Sicherung im Auto schützt sowohl Hund als auch Mensch.

Das welpensichere Zuhause

Bevor nun der neue Mitbewohner einzieht, empfiehlt es sich, das Zuhause weitestgehend welpensicher zu machen. Für die ersten Wochen sollten insbesondere Treppen gesichert werden, damit der Welpe keine überflüssigen Stufen steigt oder sich womöglich bei unbeobachteten, hektischen Aktionen auf der Treppe verletzt. Zur Sicherung empfehlen sich Kindergitter oder einfache Bretter, die quer befestigt werden können. Teppichen, die Ihnen lieb und teuer sind, sollte ebenfalls für eine gewisse Zeit ein anderer – welpenferner – Aufenthaltsort gegönnt werden. Haben Sie jedoch Parkett- oder Holzböden in Ihrer Wohnung und besteht so eine nicht unerhebliche Rutschgefahr, hat es sich bewährt, an neuralgischen Stellen, an denen der Hund oft vorbeiläuft oder -rennt, kleine Teppiche auszulegen. Stromkabel sollten dringend hochgebunden bzw. abgedeckt werden. Haben Sie eine Katze im Haus, so sollte für diese rechtzeitig vor Welpeneinzug ein Fütterungsplatz gesucht werden, an den der Hund nicht herankommen kann. Untersuchen Sie Ihre Wohnung auf Topfpflanzen, denn viele der grünen Schönheiten sind für Hunde toxisch und es gibt leider buchstäblich nichts, was vor den spitzen Welpenzähnen in den ersten Wochen sicher wäre. Hier eine Auswahl der gängigsten giftigen Topfpflanzen: Efeugewächse, Yucca-Palme, Drachenbaum, Dieffenbachia-Arten, Philodendron, Fensterblatt, Azalee, Amaryllis, Gummibaum, Hortensie, Thuja-Lebensbaum. Aus demselben Grund sollten ebenfalls Terrasse und Garten einer gründlichen Inspektion unterzogen werden, denn hier haben der Buchsbaum, der Goldregen, die Birkenfeige, der Oleander, Maiglöckchen und Narzissen bei Verzehr ähnlich unangenehme Auswirkungen. Möchten Sie nicht nur Ihren Welpen, sondern auch Ihre Beete schützen, so sollten diese eingezäunt bzw. optisch begrenzt werden. Sofern realisierbar, sollte man im Garten eine kleine Buddelecke für den Welpen einrichten, da es so wesentlich leichter sein wird, ihn an anderen Stellen vom Buddeln abzuhalten. Falls gewünscht und möglich, kann man im Garten auch eine kleine „Toilettenecke" einrichten, damit der Hund den Rest des Gartens verschont (S. 101).

Mit einer „hundesicheren" Katze in der Familie wird er später sicherlich zum Katzenfreund.

Die Auswahl des Tierarztes

Da der erste Besuch beim Tierarzt häufig wesentlich eher notwendig ist als geplant und der Welpe nach Möglichkeit seine erste Erfahrung mit diesem Berufsstand nicht mit der Impfspritze verknüpfen sollte, ist auch in puncto Tierarzt eine sorgfältige Vorbereitung optimal. Bei der Auswahl des Tierarztes ist vor allem auf eine gute Erreichbarkeit zu achten, insbesondere, wenn man nicht zu allen Tageszeiten mobil ist und bei einem evtl. Transport unter Umständen Hilfe von Außenstehenden benötigt. Ein kleiner Übungsbesuch beim Tierarzt vor der ersten Impfung, bei dem der Welpe nur zur Gewöhnung kurz abgetastet wird, ansonsten aber keine negativen Erfahrungen macht, dafür aber ein kleines Leckerchen und kurze Streicheleinheiten bekommt, ist eine gute Vorbereitung für eine weitere stressfreie Beziehung zwischen Tierarzt und Hund. Aufgrund der Tatsache jedoch, dass die meisten Patienten dort nicht wegen ihrer blühenden Gesundheit im Wartezimmer sitzen, sollten Sie darauf achten, in diesem Stadium keinen engen Kontakt zu Ihrem Welpen zuzulassen. Selbstverständlich kann man als Laie nicht die Kompetenz eines Tierarztes beurteilen und wird daher zunächst vor allem auf Sympathie achten. Hat man – sobald der Welpe im Haus ist – in einer heiklen Situation jedoch das Gefühl, dass der eigene Tierarzt nicht weiterkommt, sollte man ohne Zögern und schlechtes Gewissen den Rat eines weiteren Veterinärs einholen.

Übrigens: Beim Tierarzt erfährt man in der Regel auch, wo sich in der Nähe Welpenspielgruppen oder Hundeschulen befinden, da diese die Wartezimmer der Praxen gerne nutzen, um mit Aushängen und Flyern auf sich aufmerksam zu machen.

Das richtige Welpenfutter

Selber kochen, Nassfutter, Trockenfutter

Die ersten zwei bis drei Wochen nach dem Einzug sollte man auf jeden Fall zu dem gleichen Futter greifen wie der Züchter. Abrupte Futterumstellung führen bei Welpen sehr häufig zu Durchfall, Blähungen und ähnlich unangenehmen Begleiterscheinungen. Viele Welpen rühren Futter, das sich in Struktur und Geruch von dem, was sie bislang kannten, unterscheidet, auch gar nicht erst an. Möchten Sie also prinzipiell auf eine andere Fütterungsweise oder ein anderes Futtermittel umsteigen, so empfiehlt sich, nach den besagten zwei bis drei Wochen, eine schleichende Umstellung. Sowohl die Akzeptanz bei der Aufnahme als auch die Verträglichkeit eines neuen Futters ist dann am höchsten, wenn es in der ersten Zeit mit bereits Bekanntem gemischt wird. Auf diese Weise kann man innerhalb von ein bis zwei weiteren Wochen recht problemlos auf ein anderes Futter umsteigen.

Barfen

Sicherlich aus dem Motiv, nur das Beste für den Hund zu wollen und ihm eine optimale Versorgung zu garantieren, wird seit geraumer Zeit die sogenannte Rohfleischfütterung, auch „Barfen" (d. h. Biologisch-artgerechte-Rohfleischfütterung) genannt, propagiert. Je nach dem findet man Empfehlungen zur ausschließlichen Fütterung mit Rohfleisch bis hin zur Anreicherung mit püriertem Gemüse. Wir halten es für überflüssig, an dieser Stelle auf die Behauptung einiger extremer „Barfer" einzugehen, die eine Verschwörung zwischen Futtermittelherstellern, Veterinärmedizinern und Pharmaindustrie unterstellen, die angeblich das Ziel habe, sich gegenseitig Kunden zuzuschanzen, und die jeden zu einem moralisch fragwürdigen Subjekt erklären, der seinen Hund mit Fertigfutter ernährt. Wir möchten uns darauf beschränken, die sachlichen Aspekte darzulegen, die mit dieser Fütterungsweise verbunden sind. Eine reine Rohfleischfütterung ist abzulehnen, da sie auf dem Missverständnis beruht, der Hund sei ein reiner Fleischfresser, was nicht stimmt. Er benötigt durchaus pflanzliche Bestandteile in seiner Nahrung, allerdings in vorverdauter oder behandelter Form, da er sie in ihrem Ursprungszustand schlecht bis gar nicht verwerten kann. Entscheidet man sich, das Welpenfutter generell – ob mit frischem Fleisch oder gekochtem – selbst zuzubereiten, so muss man sich auf einen enormen organisatorischen, zeitlichen und nicht zuletzt finanziellen Aufwand einstellen, denn es reicht nicht aus, dem Hund täglich einfach eine Portion Fleisch mit Bei-

Futternäpfe gibt es in den verschiedensten Ausführungen. Für großwüchsige Welpen ist die Anschaffung eines verstellbaren Futterständers bei glatten Böden sinnvoll.

lagen zusammenzurühren. Ein exaktes Wissen über den Nährstoffbedarf des Welpen ist unabdingbar, ebenso muss man sich genauestens informieren, welche Lebensmittel diese Nährstoffe überhaupt enthalten und in welcher Form sie vom Hund verwertet werden können. Hinzu kommt auch, dass der Nährstoffbedarf eines Hundes im Verlauf seiner Entwicklung Veränderungen unterliegt. Bestimmte Nährstoffe, die in der frühen Wachstumsphase in hoher Konzentration zugeführt werden müssen, können in einer anderen Phase in zu hoher Gabe sogar schädlich sein. Der Nährstoffbedarf eines gänzlich ausgewachsenen Tieres unterscheidet sich stark von dem eines Welpen oder heranwachsenden Hundes und der wiederum vom dem eines Hundeseniors. Auch darüber muss man sehr gut Bescheid wissen, sofern man den Hund mit frischen Zutaten ernähren möchte. Beachtet man alle diese Dinge nicht, so ist die Gefahr einer Mangelernährung oder einer möglichen schädlichen Überversorgung mit bestimmten Nährstoffen groß, und um zu erfahren, ob der Hund bei dieser Form der Fütterung nun auch tatsächlich optimal ernährt ist oder nicht, muss man die Blutwerte des Tieres regelmäßig überprüfen lassen.

Die Rohfleischfütterung bringt leider ein weiteres – und zwar ökologisches – Problem mit sich. Der Hund wird möglicherweise zum Salmonellenausscheider, was ihm selbst zwar nichts ausmacht, doch für die Umwelt durchaus ein Problem darstellt, das nicht einfach weggeleugnet werden kann. Es gibt allerdings einige Rohfleischfütterer, die jede Hinterlassenschaft ihres Tieres fein säuberlich in Tütchen packen und entsorgen, was aus Umweltschutzgründen auch dringend zu empfehlen ist.

Nassfutter oder Trockenfutter?

Bei diesen Futtermitteln gibt es enorme Qualitätsunterschiede, und die sind es letztendlich, die zur Grundlage der Entscheidung über das richtige Welpenfutter gemacht werden sollten. Ganz pauschal gesagt sind diese Qualitätsunterschiede zunächst einmal am Preis erkennbar. Ein höherer Preis hängt in der Regel mit der Höhe des Fleischanteils im Futter sowie mit der Qualität des Fleisches und der übrigen Zutaten zusammen. Bei einem billigen Fertigfutter kann man nicht davon ausgehen, dass beispielsweise das darin enthaltene Eiweiß ähnlich hochwertig ist wie bei einem nicht ganz so preiswerten. Ein Futter mit minderwertigem Eiweiß ist bei Welpen übrigens häufig die Ursache für übel riechende Blähungen oder Durchfall. Füttert man Nassfutter, so sollte man wissen, dass man das darin enthaltene Wasser mitbezahlt und der oft zugesetzte Zucker den Hundezähnen nicht guttut. Trockenfutter ist der Zahngesundheit hier wesentlich zuträglicher und zudem bei Reisen einfacher zu handhaben. Welpen, die von Anbeginn an Trockenfutter gewöhnt werden, entwickeln sich in der Regel zu recht unkomplizierten Fressern. Sollten Sie sich bei der Auswahl des passenden Trockenfutters

Egal, welches Futter man wählt, frisches Wasser muss immer zugänglich sein.

unsicher sein, so fragen Sie Ihren Tierarzt. Er verfügt über eine Menge Erfahrung und kann die Verträglichkeit bestimmter Futtersorten gut beurteilen. In jedem Fall sollte aber ein Welpen-Aufzuchtfutter gegeben werden. Man spricht in diesem Zusammenhang auch vom Konzept einer an das Lebensalter angemessenen Fütterung, die auch über das Welpenalter hinaus beibehalten werden sollte. Wer übrigens Wert darauf legt, dass das Hundefutter kontrolliert biologischen Ursprungs ist und das enthaltene Fleisch aus artgerechter Tierhaltung, wird heutzutage im Fertigfutterbereich entsprechende Angebote finden. Sollte der Fachhandel in Ihrer Nähe kein solches Futter vorrätig haben, so wird man Ihnen sicher eines bestellen können.

Familie und Freunde vorbereiten

Welpenerziehung scheitert oft an folgendem Problem: Während sich einer innerhalb der Familie bemüht, dem Welpen gegenüber eine konsequente Linie vorzugeben und einzuhalten, erfährt der Hund bei einem Zweitem das genaue Gegenteil. Die Folge ist entweder ein verunsicherter oder ein ignoranter, unfolgsamer Hund. Da dies in der Regel ungewollt und aus reinem Unwissen über die Konsequenzen passiert, sollte man sich im Vorfeld die Mühe machen, eine Familienkonferenz einzuberufen und alle Maßnahmen, die vonnöten sind, gemeinsam abzusprechen. Machen Sie Ihren erwachsenen Familienmitgliedern (unter Beachtung der Regeln zu Kind und Hund S. 70) klar, dass die Erziehung des Welpen eine gemeinsame Angelegenheit ist und nur dann von Erfolg gekrönt sein wird, wenn alle an einem Strang ziehen und einander unterstützen. So soll deutlich werden, dass niemand das Hochspringen des Welpen verstärken darf, keine unkontrollierte Gabe von Leckerchen erfolgen soll und ganz prinzipiell nie der eine aufheben oder torpedieren darf, was der andere durchzusetzen versucht. Das setzt natürlich voraus, dass Sie sich bereits mit den grundlegenden Prinzipien der Welpenerziehung vertraut gemacht haben und diese in einem möglichst extra anberaumten Gespräch anderen erläutern können. Ebenso sollten Sie mit Ihren Freunden verfahren. Die meisten Hundebesitzer legen großen Wert darauf, dass Ihr Welpe lernt, Besucher nicht zu belästigen. Dieses Lernziel ist im Grunde genommen keine große Hexerei, scheitert jedoch regelmäßig an uneinsichtigen Freunden und Bekannten, die den Hund, kaum dass sie zur Tür herein sind, mit Leckerchen

und übergroßer Aufmerksamkeit beglücken. Bitten Sie darum, den Hund, so süß er auch gerade sein mag, zunächst einmal zu ignorieren und erst dann zu streicheln und zu begrüßen, wenn er sich etwas beruhigt hat und weder hochspringt noch sonstige Zeichen von Aufregung erkennen lässt. Generell sollten Besucher gebeten werden, dem Hund, sofern er sich zu irgendeinem Zeitpunkt des Besuches aufdringlich zeigt, keinerlei Ansprache oder Blickkontakt zu schenken und ihn nur dann zu streicheln, wenn keine Form von Aufdringlichkeit erkennbar ist. Nur so kann der Welpe lernen, dass er die vom Besuch gewünschte Aufmerksamkeit nur dann erhält, wenn er nicht hochspringt, nicht lästig und nicht aufdringlich ist. Haben Sie noch einen erwachsenen Hund, sollten Sie Ihren Besuch bitten, mit diesem ebenso zu verfahren. Er sollte aber, sofern er sich schließlich ruhig verhält, vom Besucher dieselbe Aufmerksamkeit erfahren wie der Neuankömmling und keinesfalls vergessen werden. Doch muss man es mit der Zuwendung in der Besuchssituation nicht übertreiben. Der Besuch kommt in erste Linie zu Ihnen und nicht zu dem Hund. Legt man Wert darauf, dass auch der Vierbeiner dies so wahrnimmt, sollte man sich entsprechend verhalten. Übrigens: Gönnen Sie Ihrem Welpen am Einzugs- und möglichst auch noch am darauffolgenden Tag eine besucherfreie Zeit, so hat er zunächst einmal in Ruhe die Gelegenheit, seine neue Familie kennenzulernen.

Verhält sich der Welpe zu wild, sollte sich das Kind schweigend und mit verschränkten Armen abwenden. Regulierend eingreifen ist Aufgabe Erwachsener.

Von der Vorbereitung der Kinder

Die Vorbereitung der Kinder innerhalb der Familie bedarf ganz besonderer Sorgfalt. Es ist erschütternd, was manche Hunde über sich ergehen lassen müssen, weil ihre Rassebeschreibung das Merkmal „kinderfreundlich" enthält. Selbstverständlich gibt es Hunde

mit einer höheren Toleranzschwelle und solche mit einer vergleichs-
weise niedrigen. Ob ein Welpe jedoch kinderfreundlich wird und vor
allem bleibt, liegt letztendlich allein in der Verantwortung der Besitzer. Wir bitten um Verständnis für diese deutlichen Worte, doch die
Zahl der Hunde, die uns vorgestellt werden, weil sie problematisches
und aggressives Verhalten den Kindern der Familie gegenüber zeigen, ist viel zu hoch. Und leider erweist sich in so gut wie allen Fällen, dass die Kinder im Umgang mit den dazugehörigen Hunden
kaum einer Kontrolle unterliegen, geschweige denn jemals feste Verhaltensregeln an die Hand bekommen haben. Oft genug bleibt als
Ausweg aus einer einmal verdorbenen Beziehung zwischen Kind
und Hund – entgegen so mancher Nanny-Zaubertricks aus dem
Fernsehen – nur noch die Abgabe des Tieres. So weit jedoch muss es
bei entsprechend ernsthafter Vorbereitung nicht kommen, und die
hier investierte Sorgfalt zahlt sich in jedem Fall aus.

Regeln für Kinder Je nach Alter des Kindes muss man davon ausgehen, dass Erklärungen zwar notwendig sind, aber nicht ausreichen. Es empfiehlt sich
daher, ihm so viele Dinge wie möglich zu zeigen und sie mit ihm
durchzuspielen. Regel Nummer Eins muss sein, dass es für das
Kind bestimmte Tabuplätze bzw. -situationen gibt, an denen der
Hund in Ruhe gelassen werden muss. Diese sollten in jedem Fall der

Schlaf- und der Fütterungsplatz des Hundes sein. Ist der Hund mit einem Kauknochen beschäftigt, gilt dasselbe. Vor allem kleinere Kinder reagieren sehr gut darauf, wenn man sie ein paar Mal kommentar- und ankündigungslos von einer ihrer Lieblingstätigkeiten hochnimmt und an einen anderen Platz trägt, um ihnen zu zeigen, wie unangenehm das sein kann. Auch ein ungebetenes Knuddeln der Kinder ist hier unter Umständen sehr lehrreich. Erklärt man ihnen im Anschluss daran, dass der Welpe dies genauso wenig

Ältere Kinder können unter Anwesenheit und Anleitung Erwachsener bei einem kooperativen Welpen schon bestimmte Aufgaben übernehmen.

schätzt, wird ihr Verständnis dafür ein viel größeres sein. Zeigen Sie Ihrem Kind bestimmte Spielgegenstände, wie z. B. kleine Spielzeugteile, die gefährlich für den Hund werden können und erinnern es dabei an seine letzten schlimmen Bauchschmerzen. Das allzu stürmisches Verhalten dem Welpen ebenfalls unangenehm ist, verstehen die meisten Kinder, wenn man sie fragt, wie sie sich fühlen (ohne vorwurfsvollen Ton!), wenn größere Schulkinder lärmend auf sie losstürzen. Die meisten Kinder kennen diese Situation und können so an diesem Beispiel lernen. Es ist sinnvoll, dem Kind an einem Stoffhund zu zeigen, wie man einen Hund anfasst und wie nicht. Wir führen seit einigen Jahren regelmäßige Besuche mit unseren Hunden in Kindergärten durch und arbeiten dabei – bevor die Kinder dann einen echten Hund anfassen dürfen – zunächst immer mit einem großen Stoffhund. Die Kinder lernen dabei recht viel, aber es ist leider auffällig, wie viele von ihnen einem lebendigen Hund völlig hilflos gegenüberstehen und entweder mit großer Angst oder völliger Distanzlosigkeit reagieren.

Regeln für den
Welpen

Auch der Welpe muss Tabus im Umgang mit dem Kind lernen und dazu ist vor allem eines nötig: Anwesenheit und Kontrolle eines Erwachsenen. Junge und heranwachsende Hunde haben naturgemäß jede Menge Dummheiten im Kopf und finden es in der Regel höchst animierend, gerade bei Kindern spielerisch in Kleidung oder Körperteile zu beißen und daran zu ziehen, an ihnen hochzuspringen usw. Man kann von einem Kind nicht erwarten, dass es in einer solchen Situation angemessen reagiert, und von einem Welpen nicht, dass er ein Kind als erzieherische Instanz anerkennt. Sind Sie nicht anwesend, haben Sie keine Möglichkeit reglementierend auf den Hund einzuwirken und er wird infolgedessen keinen Grund haben, dieses Verhalten einzustellen. Zunächst einmal sollte das Kind wissen, wie es sich, sobald der Hund ihm gegenüber über die Stränge schlägt, verhalten muss: aufrecht hinstellen, Arme verschränken, keinen Blickkontakt mit dem Hund, Mund zu. Sobald vom Kind kein Gequietsche und Gefuchtel mit den Armen mehr ausgeht und anstelle dessen aber komplette Ruhe erfolgt, wird sich auch der Welpe in der Regel nach kurzer Zeit beruhigen. Hektische Bewegungen und Geschrei des Kindes hingegen bewirken das genaue Gegenteil. Der Welpe lernt auf die beschriebene Weise etwas ganz Prinzipielles: Der für ihn sehr lustvolle Kontakt mit dem Kind wird sofort eingestellt, wenn er zu frech wird. Lässt der Hund trotz Spielabbruch nicht von seinen Handlungen ab, müssen Sie sofort eingreifen und ihn mit einem energischen **NEIN** (S. 156) zur Räson bringen. Für den Fall, dass Sie gerade außer Blickweite sind, sollte mit dem Kind ein „Schlüsselwort" vereinbart werden, dass Ihnen signalisiert, dringend einzugreifen. Üben Sie mit Ihrem Kind dieses Wort möglichst ruhig und ohne Hektik, aber deutlich vernehmbar auszusprechen, damit Sie es hören können.

**Kind und Hund
nie allein lassen!**

Generell aber können wir aus unserer Erfahrung nur dazu raten, Kind und Hund niemals allein zu lassen. Beide sind nun einmal keine vernunftgeleiteten Wesen und bedürfen, um harmonisch miteinander aufwachsen zu können, der Anleitung und der Aufsicht Erwachsener. Völlig indiskutabel ist es, Kinder allein mit dem Familienhund zum Spazierengehen, und sei es auch nur schnell mal eben zum Pipimachen auf die Wiese, zu schicken. Abgesehen davon, dass auch der eigene Hund aus Angst oder vor Schreck jederzeit in Gefahr geraten kann und mit ihm natürlich auch das Kind, gibt es leider genügend fremde unverträgliche Hunde. Man stelle sich einen solchen nur einmal vor seinem geistigen Auge bei einem Angriff auf den eigenen Hund vor – und das Kind allein am Ende der Leine.

Kommt es zu einem Vorfall, bei dem Kind und Hund alleine unterwegs waren und es entsteht einem Dritten ein Schaden, bezahlt die Hundehaftpflichtversicherung übrigens nicht. Der Gesetzgeber gab den Versicherungen in Streitfällen vergangener Jahre hierin Recht und verwies auf die Verletzung der Aufsichtspflicht Erwachsener. In den uns bekannten Fällen war das älteste Kind 14 Jahre alt.

Wie soll das Kind mit dem Welpen spielen?

Beim Spiel zwischen Kind und Welpe müssen klare Regeln gelten, was vor allem der Sicherheit sowie einem harmonischen Miteinander dient. So sollten Kinder generell nur objektbezogen mit dem Welpen spielen, d. h. mit einem Ball, einem Knotentau o. Ä. und niemals mit Teilen des Körpers. Dadurch ist die Gefahr, dass der Welpe sich an der Kleidung des Kindes vergreift, um daran zu zerren, oder in Arme oder Beine zwickt, wesentlich geringer. Das Kind sollte außerdem angeleitet werden, stets vom Körper weg zu spielen, damit der Hund nicht an ihm hochspringt. Das gelingt dann am besten, wenn Bällchen oder sonstige Spielzeuge weggeworfen und nicht zu lange in der Hand gehalten werden. Sobald der Welpe im Spiel allzu sehr aufdreht und die Kinderärmchen mit dem Spielzeug „verwechselt", sollte das Spiel sofort wortlos abgebrochen und der Hund links liegen gelassen werden. Auf gemeinsamen

Eindeutige Verhaltensregeln benötigen beide: Welpe und Kind!

Spaziergängen kann das Kind unter Anleitung Erwachsener Futtersuchspiele (S. 206) mit dem Hund durchführen. Auf Zieh- und Zerrspiele sollte ganz verzichtet werden. Man muss den Hund nicht explizit darauf hinweisen, dass das Kind weniger stark ist als er selbst oder darauf, dass sich das Kräfteverhältnis bald zu seinen Gunsten verschieben könnte.

Nehmen Sie Ihre Kinder mit!

Wenn Sie Kinder haben, sollten Sie mit diesen möglichst auch schon ohne Hund Welpenspielstunden besuchen. Die Kinder können sich hier nicht nur an der Beobachtung der jungen Hunde freuen, sondern müssen sich auch in Zurückhaltung üben und erleben, dass Welpen keineswegs immer und überall angefasst und hochgenommen werden dürfen. Spätestens aber bei Besuchen mit dem eigenen Welpen sollten Kinder die Spielstunden mit aufsuchen. Sehr sinnvoll kann es auch sein, eine Unterrichtsstunde mit dem Kind noch vor Einzug des Welpen zu buchen. Dort kann das Kind an fremden Hunden lernen, wie man mit einem Hund kommuniziert, ihn richtig anfasst und streichelt. Viele Kommunikationsprobleme zwischen Hund und Kind haben ihre Ursache in der unterschiedlichen Sprache der beiden. Ein Kind will umarmen und drücken, was es lieb hat. Die meisten Hunde hingegen dulden diese Form von Liebesbezeugungen höchstens, schätzen sie aber nicht besonders. Kinder akzeptieren diesbezügliche Erklärungen erstaunlich oft dann besonders gut, wenn sie von außen und nicht nur von den eigenen Eltern kommen.

Info
Kann das Kind den Welpen erziehen?

So fantastisch ein gemeinsames Aufwachsen von Kind und Hund sein kann, so deutlich muss man sich doch vor Augen führen, dass das Kind den Hund nicht erziehen kann und dass dies die Aufgabe Erwachsener ist. Genauso wenig, wie ein Kind ein anderes alleine aufziehen und ihm alles Lebensnotwendige beibringen kann, funktioniert dies zwischen Welpe und Kind. Der Welpe benötigt eine erwachsene Idolfigur und man sollte nicht den Fehler machen, zu glauben, ein so junger Hund würde den Unterschied zwischen einem erwachsenen und einem kleinen Zweibeiner nicht erkennen. Viele heranwachsende und pubertierende Hunde akzeptieren gar keine Erziehungsmaßnahmen von Kindern, im besten Fall werden Anweisungen ignoriert oder nur gegen Gabe von Leckerchen ausgeführt, im schlimmsten Fall schafft man sich die jungen „Plagegeister" mit schärferen Mitteln vom Hals. So werden Sie Ihrem Kind leider unmissverständlich klarmachen müssen, dass Gebote und Verbote dem Welpen gegenüber zunächst einmal allein Ihre Angelegenheit sind. Bieten Sie dem Kind stattdessen Alternativen, damit es sich in den Umgang mit dem Hund eingebunden fühlt und lernt, – natürlich in vertretbarem Rahmen und altersangepasst – Verantwortung zu übernehmen. So kann es Aufgabe des Kindes werden, unter Aufsicht das Futter des Hundes zuzubereiten und zu kontrollieren, dass noch genügend Hundefutter im Hause ist. Auch das Bürsten und die Fellpflege können unter Anleitung Erwachsener von Kindern übernommen werden, ebenso die ordentliche Verwahrung und Pflege der Leinen und Halsbänder. Alle genannten Regeln und Sicherheitsmaßnahmen in puncto Kind und Hund sollte man auch dann beherzigen, wenn man keine eigenen Kinder hat, aber gelegentlich welche zu Besuch kommen.

Die Nachbarn vorbereiten

Nachbarschaftliche Fehden, deren Ursache die Anwesenheit eines Hundes ist, sind genauso unangenehm wie häufig. Man kann jedoch bereits im Vorfeld Maßnahmen treffen, um ein entspanntes Verhältnis zu wahren. Indem der Welpe von Anfang an lernt, den Nachbarn positiv zu besetzen, kann man vermeiden, dass der Welpe als erwachsener Hund missmutig auf den Nachbarn reagiert und bei seinem Anblick regelmäßig zu bellen beginnt. Man sollte sich daher die Zeit nehmen und besonders in den ersten Wochen regelmäßig kurze Begegnungen suchen, bei denen der Nachbar den Hund begrüßen und streicheln kann. In der Regel wird auch ein Mensch, der Hunden neutral oder gar eher ablehnend gegenübersteht, beim Anblick eines Welpen freundlich reagieren. Bitten Sie ihn explizit darum, im Sinne eines späteren friedlichen Miteinanders, dem Welpen Gelegenheit zu geben, ihn kennenzulernen. Schon die Tatsache, dass Sie Ihren Nachbarn auf diese Art und Weise ernst nehmen, wird viel zu einer entspannten Koexistenz beitragen. Es gibt allerdings auch das andere Extrem, bei dem hundebegeisterte Zeitgenossen die Welpen ihrer Nachbarn so sehr verwöhnen, dass diese jede Gelegenheit nutzen, um dorthin zu laufen oder bei deren Anblick geradezu außer sich geraten. Da auch dies nicht Sinn der Sache ist, empfiehlt es sich, nicht zuzulassen, dass der Welpe zu sehr überschüttet wird. Die Gabe von Leckerchen kann z. B. mit dem Hinweis auf eine Futtermittelallergie eingeschränkt oder unterbunden werden, ohne dass man seinen Nachbarn kränken muss.

Abholung, Fahrt, Ankunft

Die Herausnahme aus der vertrauten Umgebung und die plötzliche Abwesenheit der Wurfgeschwister, die die Abholung des Welpen ja nun einmal zwangläufig mit sich bringt, ist für das junge Tier durchaus ein kleiner Kulturschock. Daher ist auf der Fahrt nach Hause darauf zu achten, dem Hund ein größtmögliches Geborgenheitsgefühl zu vermitteln und ihn – entgegen späterer Transportgewohnheiten im Auto – auf dem Schoß haben. Dazu benötigt man natürlich jemanden, der den Wagen steuert. Hat man, wie empfohlen, bei den ersten Züchterbesuchen ein Handtuch bei den Welpen deponiert, das während der Fahrt ebenfalls auf dem Schoß liegt, so wird der Geruch zusätzlich eine wohltuende Wirkung ausüben. Zeigt sich der Welpe unruhig, fiept oder heult gar, so sollte man nicht den Fehler machen, bedauernd auf ihn einzureden. Stimmungsübertragung ist hier das Zauberwort, wobei Ruhe und Souveränität allerdings nur dann auf das Tier ausstrahlen können, wenn man sich auch ruhig und souverän verhält.

Muss man eine weite Strecke bis nach Hause zurücklegen, so sollte man vor allem im Sommer und bei Wärme genügend Pausen einplanen, da der Welpe lange Fahrten noch nicht gewohnt ist. Auch einen kleinen Napf und Wasser darf man nicht vergessen. Bedenken Sie, dass der Welpe höchstwahrscheinlich bislang noch nicht an Leine und Halsband gewöhnt ist. Autobahnrastplätze werden daher für kurze Pausen, in denen der Welpe sich ja evtl. lösen muss, nicht gut geeignet sein.

Sobald man endlich zu Hause angekommen ist, empfiehlt es sich, den Welpen sofort an den für ihn vorgesehenen Löseplatz zu setzen. Im Wohnbereich gönne man ihm zunächst Ruhe sowie die Möglichkeit, seine Umgebung zu beobachten, zu erkunden oder einfach nur in einen erschöpften Tiefschlaf zu fallen. Auch wenn es nun besonders schwerfällt, ist es sinnvoll sich und evtl. vorhandene Kinder im Zaum zu halten und in den ersten Stunden nicht gleich über den Welpen „herzufallen".

Gelegentliche positive Aktionen zwischen Welpe und Nachbar, wie das hier gezeigte Spiel, ermöglichen ein entspanntes Miteinander.

Das Lob

Wünscht man sich einen gut erzogenen Hund, so sollte man sich mit dem notwendigen erzieherischen Rüstzeug vertraut machen. Gemeint sind hier erzieherische Grundsätze, die es dem Welpen ermöglichen, richtig und falsch zu unterscheiden. Dazu ist eine bestimmte und konsequente Form der Kommunikation erforderlich, an der sich der junge Hund orientieren kann. Das Lob ist eine solche Kommunikationsform, die dem Hund klarmacht, dass er gerade auf dem richtigen Weg ist. Ziel des Lobens ist es, ein bestimmtes Verhalten des Tieres zu verstärken, damit es später Teil seines selbstverständlichen Verhaltensrepertoires wird. Dazu aber muss das Lob zum rechten Zeitpunkt erfolgen und außerdem vom Hund als ein solches klar erkannt werden können. Der richtige Zeitpunkt nun für das Lob ist genau der Moment, in dem der Welpe das entsprechende Verhalten zeigt! Möchten Sie z. B. einen Hund, der zuverlässig auf Zuruf kommt, so beginnt der richtige Moment des Lobens schon, wenn er auf Sie zuläuft. Soll der Welpe lernen, ordentlich an der Leine zu laufen, so ist hier der richtige Zeitpunkt für das Lob, wenn er gerade ordentlich neben Ihnen läuft und nicht Minuten später, wenn Sie ihn von der Leine lassen. Möchten Sie, dass der Hund lernt, zuverlässig auf das Hörzeichen **AUS** fallen zu lassen, was er im Maul hat, so muss das Lob erfolgen, wenn er den Ball – oder was auch immer – gerade fallen lässt. Diese kleinen Beispiele sollen eines verdeutlichen: Ein Lob, das nicht im direkten Anschluss – oder noch besser – während des erwünschten Verhaltens des Hundes erfolgt, ist sinnlos. Der Hund mag sich über die freundliche Ansprache auch später sicherlich noch freuen, eine Verknüpfung mit dem zuvor Gezeigten aber gelingt ihm dann nicht mehr und der gewünschte Lerneffekt bleibt leider aus.

Der richtige Tonfall

Das Lob muss sich im Tonfall deutlich von der Alltagssprache abheben. Welpen, und auch erwachsene Hunde, reagieren hervorragend auf Stimmungsübertragung. Daher muss das Lob tatsächliche Freude transportieren, sonst ist es für das Tier als Verhaltensverstärker viel zu schwach! Man sollte jedoch bemüht sein, sein Lob in verschiedene Skalen einzuordnen, denn es gibt einfache und schwierige Dinge und auch solche, die selbstverständlich sind. Geht man nun bei der Verteilung seines Lobs allzu willkürlich vor und bejubelt buchstäblich alles, was der Hund tut, fehlt erneut die Unterscheidungsmöglichkeit, und stattdessen wird sich beim Welpen ein schneller Überdruss einstellen. Sie müssen nicht in Freudenstürme ausbrechen, nur weil der Welpe sich das Halsband anziehen lässt oder seinen Futternapf leer gefressen hat. Beim anspruchsvollen Kommen auf Zuruf oder beim **AUS** hingegen ist echte Begeisterung durchaus angebracht. Alles, was dem Welpen und später dem ausgewachsenen Hund Selbstbeherrschung und deutlichen Verzicht auf Eigeninteressen abverlangt, sollte großes Lob nach sich ziehen.

Freudige Ansprache und Leckerchen im richtigen Moment sind hervorragende Verstärkungsmittel.

Info
Verhaltensverstärkung durch Leckerchen

Leckerchen sind in der Hundeerziehung ein adäquates Mittel, um bestimmte erwünschte Verhaltensweisen beim Welpen hervorzurufen, zu verstärken sowie das
Lob mit der Stimme zu ergänzen. Sie stellen eine mögliche Form der Belohnung für
richtiges Verhalten dar. Der Vorteil von Leckerchen besteht darin, dass die Hand-
habung recht unkompliziert ist, da man sie immer und überall dabei haben kann.
Einige Hundefreunde und auch Erzieher lehnen Futter als Hilfsmittel bei der Hundeerziehung ab und argumentieren, das Tier müsse auch ohne Belohnungshappen
gehorchen. Wir sind der Meinung, dass insbesondere in der Phase des Erlernens
und Festigens von Hörzeichen prinzipiell eine Belohnung erfolgen muss und empfehlen dabei, bei Welpen durchaus mit Futterbelohnung zu arbeiten. Sobald ein
Hörzeichen vom Hund zuverlässig erlernt und ausgeführt wird, können Leckerchen
reduziert und zum Teil auch ganz gestrichen werden. Problematisch wird die Belohnung mit Futter unseres Erachtens allerdings dann, wenn sich die Erziehung des
Welpen allein darin erschöpft, erwünschtes Verhalten mit Futter zu belohnen und
auf weitere Erziehungsmaßnahmen zu verzichten. Ebenso falsch, aber leider recht
verbreitet ist es auch, jeden „Augenaufschlag" des Welpen mit einem Leckerchen zu
„belohnen". Das führt den Einsatz von Futterhappen in der Erziehung geradezu ad
absurdum, da der Welpe so keine Möglichkeit erhält, den Sinn dieser Futtergabe zu
erkennen. Leckerchen in der Erziehung müssen immer zielgerichtet und vor allem
im richtigen Moment gegeben werden. Zusätzlich muss der Mensch unterscheiden
lernen, was dabei belohnungswürdig ist und was nicht. Den genauen Einsatz werden
wir anhand einer jeden konkreten Erziehungsübung erläutern.
Insgesamt ist darauf zu achten, dass man winzig kleine Leckerchen verwendet, damit der Welpe keinen Überdruss entwickelt. Es gibt Hunderassen und -individuen,
die von Haus aus recht wenig verfressen sind. Bei diesen Exemplaren muss man
zu besonders attraktiven Häppchen greifen, wie z. B. zu Lachskeksen, speziellem
Hundedörrfleisch oder getrocknetem Lammfleisch, das übrigens auch für Hunde-
allergiker geeignet ist. Alle Futterbröckchen, die der Hund für Erziehungsübungen
erhält, müssen peinlichst genau von der täglichen Futterration abgezogen werden,
damit der Welpe keine Neigung zum Übergewicht entwickelt.

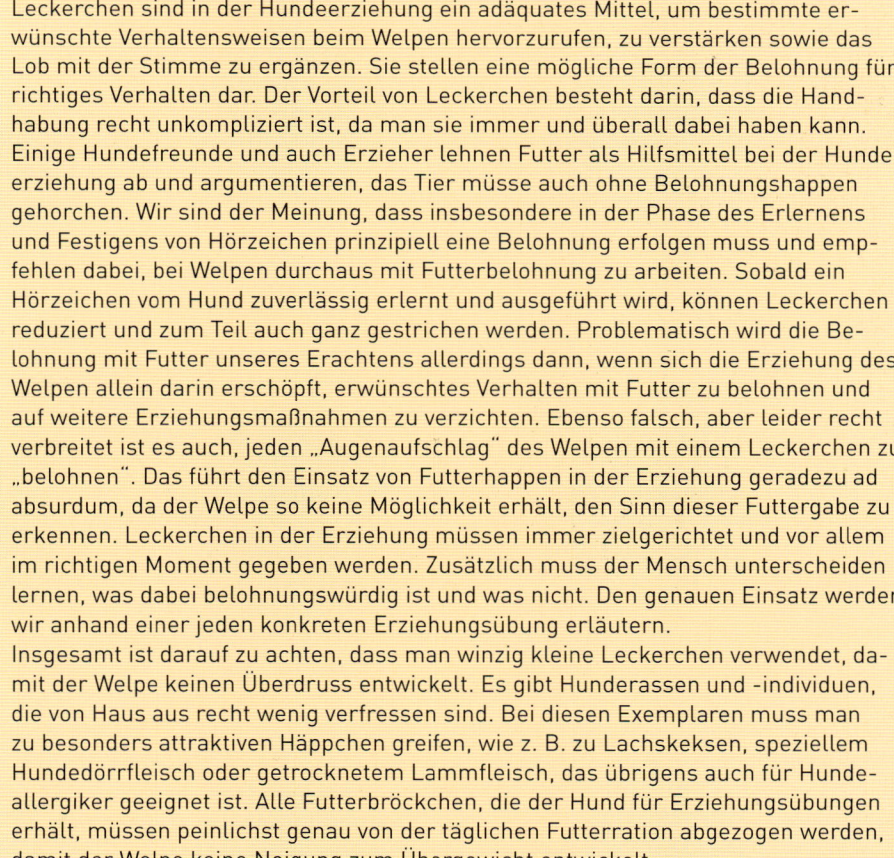

Verhalten abbrechen

Unter diesem neutralen Begriff soll erläutert werden, was häufig auch mit Tadeln oder Korrigieren umschrieben wird. Das Wort Strafe, welches in diesem Zusammenhang gelegentlich noch gebraucht wird, ist in der Hundeerziehung schon seit geraumer Zeit streng verpönt, da es eine moralische Implikation enthält und sich das Verhältnis zwischen Mensch und Hund in den vergangenen Jahrzehnten zu einem partnerschaftlichen entwickelt hat. Ziel eines Verhaltensabbruches oder einer Korrektur ist es, durch ein schnelles und deutliches Eingreifen direkt in die Situation hinein zu erreichen, dass der Welpe sein momentanes Tun einstellt, es vor allem als unerwünscht erkennt und in Zukunft sein lässt. Denn ohne ein-

Sollte der Welpe im Spiel über die Stränge schlagen, so ist ein deutliches NEIN verbunden mit abruptem Spielende geeignet, einen Verhaltensabbruch hervorzurufen.

schränkende Maßnahmen wird der Welpe nicht lernen, dass er nichts vom Tisch nehmen darf, das Blumenbeet nicht umgraben, den Teppich nicht zerkauen soll usw. Ebenso wie beim Lob ist Schnelligkeit und direktes Handeln erforderlich. Verhalten kann nur abgebrochen und somit – was Ziel der Sache ist – verändert werden, wenn es auch tatsächlich gerade gezeigt wird! Das lässt sich am besten am Klassiker des Welpen verdeutlichen, der gerügt wird, während er sich von seiner Pfütze auf dem Teppich entfernt. Das

Verhalten, das er gerade zeigt, besteht darin, von seiner Hinterlassenschaft wegzulaufen. Eine tadelnde Maßnahme nun wäre zu diesem Zeitpunkt völlig sinnlos. Verspätete Korrekturen, Tadel oder Strafen mögen dem Menschen eine momentane Erleichterung seines Zorns ermöglichen. Zur erfolgreichen Erziehung sind sie ungeeignet und kontraproduktiv. Um mit einer Maßnahme, die ein Verhalten abbricht, erfolgreich zu sein, muss diese immer angewandt werden, wenn der Welpe das entsprechende Verhalten zeigt. Ein Beispiel: Der Welpe kneift mit seinen scharfen Zähnchen beim Spielen regelmäßig in Hände und Arme. Eine einschränkende und verhaltensabbrechende Maßnahme wäre hier ein deutliches **NEIN**, verbunden mit einem sofortigen Spielabbruch, eine übrigens äußerst erfolgreiche Strategie. Diese muss jedoch jedes Mal angewandt werden, wenn sich der Welpe in der Hitze des Gefechtes vergisst, und

nicht nur dann, wenn es gerade einmal besonders weh tut. Genauso wenig wie man von seinem Kind erwarten kann, in der Schule nicht die Füße auf den Tisch zu legen und freundlich zu Lehrern und Mitschülern zu sein, wenn man ihm schlechtes Benehmen zu Hause gestattet, kann der Welpe bei nur willkürlichen Tadeln lernen, was in Ordnung geht und was eben nicht.

Somit ist die zweite wichtige Regel in puncto Verhaltensabbruch: Konsequenz, Konsequenz, Konsequenz.

Abschließend bleibt noch zu sagen, dass jedes tierische Lebewesen in Sachen Verhaltensabbruch (oder wie man es auch immer nennen möchte) das Recht hat, so erzogen zu werden, wie es seine Mutter tun würde: kurz und knackig, vor allem aber mit einer sofortigen Rückkehr zur Normalität, in der alles wieder gut ist.

Wichtig
Die Zwei-Sekunden-Regel

Egal, ob der Hund stimmlich gelobt, mit Leckerchen belohnt oder korrigiert wird: Damit er eine Verknüpfung herstellen kann, muss die menschliche Reaktion auf die entsprechende Handlung des Tieres innerhalb von zwei Sekunden (!) vor sich gehen. Eine spätere Korrektur oder Belohnung wird vom Hund nicht mehr direkt mit seinem Tun verknüpft.

Verhalten ignorieren

Bestimmte Verhaltensweisen des Welpen zu ignorieren, ist eine sehr sinnvolle Erziehungsmaßnahme, die jedoch zur Situation passen muss. Prinzipiell ist Ignoranz ein ausgezeichnetes Mittel, die herausragende Schlüsselposition, die der Mensch in der Beziehung zu seinem Hund einnehmen soll, zu unterstreichen. Wir sind sogar der Meinung, dass enorm viele Erziehungsprobleme ihre Wurzel darin haben, dass es Hundebesitzern immer schwerer fällt, ihre Vierbeiner und deren Wünsche auch mal zu „übersehen". Das Benehmen des Hundes zu ignorieren macht jedoch nur dann Sinn, wenn dadurch nichts und niemand, auch nicht der Hund, gefährdet wird. Essen Sie beispielsweise gerade ein Eis und der Welpe steht bettelnd vor Ihnen, so ist es angemessen und wirkungsvoll, den Hund zu ignorieren, d. h. ihm weder Blickkontakt noch tröstende Worte zukommen zu lassen. Ein weiteres Beispiel: Der Welpe bringt Ihnen seinen Ball, Sie haben aber gerade keine Zeit und möchten dem jungen Hund auch auf keinen Fall eine ständige Verfügbarkeit Ihrer Person suggerieren, die Sie in den nächsten, hoffentlich zehn bis zwölf Jahren ohnehin nicht einhalten können. Statt ihm tröstende Worte zu spenden, ist auch in einer solchen Situation menschliche Ignoranz ein gutes Mittel der Wahl: keinen

Blickkontakt, keine Ansprache. Zerstört ein Welpe hingegen gerade Teppichfransen o. Ä. macht es keinen Sinn, dies zu ignorieren. Insgesamt eignet sich dieses Prinzip vor allem besonders gut für aufmerksamkeitsheischendes Verhalten und Betteleien. Gerade beim Betteln jedoch muss es mit hundertprozentiger Konsequenz durchgezogen werden, bei nur gelegentlicher Ignoranz wird der Welpe hier seine Hartnäckigkeit verstärken lernen.

Bei aufmerksamkeitsheischendem Benehmen ist menschliche Ignoranz von hoher erzieherischer Wirkung.

Spielen – Schmusen – Zuwendung

Vom richtigen Maß

Im Umgang mit dem Welpen das richtige Maß zu finden, ist von entscheidender Bedeutung für den gesamten Erziehungserfolg. Mussten wir noch zu Beginn unserer „Hundeerzieher-Karriere" Anfang der 90er verstärkt darauf hinweisen, dass der Hund ausreichend Aufmerksamkeit und Zuwendung braucht und daher beispielsweise eine reine Zwingerhaltung abzulehnen ist, tendieren heute immer mehr Hundefreunde zum anderen Extrem und haben schnell ein schlechtes Gewissen, wenn sie nicht den ganzen Tag für den Hund verfügbar sein können. Dabei ist canis familiaris ein wahrer Anpassungskünstler, der sich gut und gerne – sofern er es gelernt hat – in den Lebensrhythmus seiner Besitzer einfügt. Das richtige Maß bei Aktionen mit dem Welpen zu finden heißt nun zuallererst, beim Spielen, Schmusen oder sonstigen Formen der Zuwendung (wozu übrigens auch die willkürliche Gabe von Leckerchen zählt) zumindest in der Regel nicht auf die Aufforderungen des Welpen diesbezüglich einzugehen, sondern den Zeitpunkt hierzu selbst zu bestimmen. Ein Lebewesen, dessen Wünsche zu jedem Zeitpunkt erfüllt werden, kann keine Vorstellung von einem gesunden Maß bekommen, es wird mit hoher Wahrscheinlichkeit gravierende Verwöhnungsschäden entwickeln und in seiner weiteren Entwicklung völlig verständnislos mit einer Gesellschaft kollidieren, die seine Erwartungen nicht erfüllt. Hinzu kommt, dass der „Verwöhner" in der Regel komplett unattraktiv wird und jegliche positive Autorität und Glaubwürdigkeit verliert. Dieser erzieherische Grundsatz ist in der Kindererziehung schon lange bekannt. Wohl bedingt dadurch, dass der Hund zum immer wichtigeren Sozial-

partner für den Menschen wird, fällt es jedoch vor allem Welpenbesitzern sehr schwer, das richtige Maß zu finden. Neben dem per-
manenten Eingehen auf alle Wünsche des Hundes sollte man außerdem vermeiden, den Welpen mit ständiger Zuwendung für „Nichts"
zu versehen. Besonders beliebt ist es, dem Hund für nichts und wieder nichts Leckerchen zuzustecken oder ihn mit ständigen Streicheleinheiten geradezu zu überschütten. Doch zum richtigen Maß
gehört auch, wie schon erwähnt, der richtige Zeitpunkt. Der Welpe
muss lernen – und das kann er ganz problemlos – damit klarzu-
kommen, dass einmal eine Weile nichts passiert und jeder Einheit
Beschäftigung auch eine Einheit Ruhe folgt, in der sein Mensch

Das richtige Maß an
Zuwendung zu fin-
den ist entscheidend
für einen dauer-
haften Erziehungs-
erfolg.

noch andere Dinge zu erledigen hat. Mit der Zuwendung ist es im
Grunde genommen wie mit einem guten Cocktail. Die Menge der
einzelnen Zutaten muss stimmen. Nimmt man von einer Zutat ver-
sehentlich zu viel, schmeckt er einfach nicht mehr.

Endlich zu Hause:
Erste konkrete Schritte

Wie lernt der Welpe seinen Namen?

Lernziel   Der Welpe reagiert auf seinen Namen mit Blickkontakt.

So wird's gemacht   Seinen Namen kann der Welpe bereits am ersten Tag der Ankunft sehr leicht und schnell lernen. Nutzen Sie zunächst jede einzelne Gelegenheit, in der der Hund etwas Positives erfährt, um seinen Namen auszusprechen. Haben Sie eine mehrköpfige Familie, sollten jedoch nicht alle gleichzeitig, womöglich noch aus verschiedenen Richtungen, den Welpen mit dem Namen ansprechen oder rufen. Der Welpe wird Ihnen schon in den ersten Stunden – sofern er beim Züchter gut geprägt wurde – eine Vielzahl von Kontaktaufnahmen anbieten, Ihnen hinterherlaufen, Blickkontakt mit Ihnen suchen, Körperkontakt aufnehmen, spielen wollen. Bei jeder dieser Situationen können Sie den Namen des Hundes freudig und mehrfach hintereinander aussprechen. Spätestens nach der zweiten Fütterung erkennt der Welpe am Klappern des Futternapfes, dass es nun etwas für ihn gibt, und er wird auf Sie zulaufen. Auch dies kann genutzt werden, um den Namen des Hundes zu rufen und vor allem anschließend mit etwas Angenehmem zu verbinden. Der Welpe sollte so kurz nach seiner Ankunft mit seinem Namen nichts Negatives verknüpfen. Stellt er in den ersten Stunden irgendetwas an oder löst sich innerhalb der Wohnung, sollte sehr ruhig reagiert und auf ein strenges Rufen seines Namens verzichtet werden. Die meisten Welpen zeigen so bereits am zweiten Tag eine Reaktion, sobald man ihren Namen ausspricht, was im Übrigen ein Indiz für die hohe Lernfähigkeit von Welpen in dieser Lebensphase darstellt.

Blickkontakt und Spielaufforderungen können direkt nach der Ankunft dazu genutzt werden, den Hund an seinen Namen zu gewöhnen.

Halsbandgewöhnung

So wird's gemacht Viele Züchter nehmen sich die Zeit, ihre Welpen bereits vor Abgabe an die neuen Besitzer an ein Halsbändchen zu gewöhnen. Sollte dies bei Ihrem neuen Familienmitglied nicht der Fall sein, so muss diese Gewöhnung einer der ersten Schritte nach Einzug des Welpen darstellen, da ein Halsband im Hundealltag nun einmal dringend benötigt wird. Sollte Ihr Welpe bereits wenige Stunden nach der Ankunft keinerlei Akklimatisierungsprobleme zeigen und stattdessen schon fröhlich seine neue Umgebung erkunden, können Sie die Gewöhnung bereits am ersten Tag vornehmen. Ansonsten ist es

besser, mit der Gewöhnung bis zum zweiten Tag zu warten. Allerdings muss man den Welpen dann, sofern kein eigener Garten vorhanden ist, zum Lösen zu einer geeigneten Stelle tragen, direkt danach wieder hochnehmen und zurück nach Hause bringen. Der Welpe sollte das Halsband zunächst mit etwas Positivem verknüpfen, deshalb ist es empfehlenswert, ihm nun vor jeder Fütterung das Band anzulegen und direkt im Anschluss wieder auszuziehen. Lassen Sie ihn dabei nicht ohne Aufsicht. Zusätzlich können Sie es ihm kurz vor kleinen Spiel- oder Schmuseeinheiten anlegen und am Ende der Aktionen wieder ausziehen. Achten Sie dabei darauf, das Halsband nicht genau dann abzumachen, wenn es den Welpen gerade stört und er sich schüttelt oder daran kratzt, denn das wäre eine ungewollte Belohnung zum falschen Moment.

Lenken Sie ihn von einem solchen Verhalten zunächst kurz ab, bevor das Halsband ausgezogen wird, oder warten Sie einfach, bis der Kleine nicht mehr an das Halsbändchen denkt. Durch die beschriebenen Situationen werden Sie bereits am ersten bzw. zweiten Tag unzählige Möglichkeiten haben, dem Welpen für wenige Minuten das Halsband anzulegen und ihm somit eine schnelle Gewöhnung ermöglichen. Die meisten jungen Hunde werden sich so sehr schnell gerne das Halsband anziehen lassen.

Gewöhnung ans Brustgeschirr

Die Gewöhnung an ein Brustgeschirr kann übrigens auf dieselbe Weise vorgenommen werden, ebenso die Gewöhnung an die Leine: Legen Sie dem Welpen mehrfach am Tag in der beschriebenen Art und Weise kurz das Halsband mit der zuvor schon daran befestigten Leine an, lassen ihn fressen, schmusen kurz mit ihm usw. und nehmen es wieder ab. Achten Sie darauf, dass der Welpe hierbei nirgends hängen bleiben kann. Lösen Sie auch Halsband und Leine, bevor der Hund sie als störend empfindet. Zur Not lenken Sie die Aufmerksamkeit des Tieres kurz auf etwas anderes, damit keine Fehlverknüpfungen entstehen können.

Es kann durchaus einige Tage dauern, bis sich der Welpe vollständig an sein Halsband gewöhnt hat.

Fütterung und Erziehung

Lernziel

Der Welpe entwickelt ein unkompliziertes Fressverhalten und manipuliert seinen Menschen nicht.

So wird's gemacht
Dreimal täglich füttern

Junge Welpen füttert man zunächst dreimal täglich. Der Junghund, von dem man je nach Größe ab etwa dem 4. bis 6. Monat spricht, sollte ebenso wie der erwachsene Hund zweimal täglich gefüttert werden. (Großwüchsige Welpen sollten länger dreimal täglich gefüttert werden als kleinwüchsige.) Die Fütterungszeiten sollten über den ganzen Tag verteilt liegen und dürfen sich dabei durchaus auch mal um die eine oder andere halbe Stunde verschieben.

Lösen nach dem Füttern

Nach der Fütterung muss der Welpe immer die Gelegenheit haben, sich zu lösen, um die Rhythmisierung innerhalb der Stubenreinheitserziehung zu unterstützen. Längere Spaziergänge oder gar Spiel und Tollereien dürfen direkt nach der Fütterung nicht stattfinden, da sonst die Gefahr einer Magendrehung gegeben ist. Da man mit der richtigen Haltung in puncto Fütterung großen Einfluss auf die Erziehung und Entwicklung des Welpen hat, gibt es hier jedoch noch mehrere Dinge zu beachten.

Kein Futter zur freien Verfügung

So sollte der Welpe auf keinen Fall Futter zur freien Verfügung haben. Neben schwerwiegenden gesundheitlichen Beeinträchtigungen, die eine Überversorgung mit Futter nach sich zieht, erschwert eine unkontrollierte Fütterung die Erziehung ungemein. Kein Welpe, der zu Hause einen stets prall gefüllten Futternapf sein Eigen nennt, hat noch Veranlassung, sich bei der Erziehung für ein Leckerchen anzustrengen. Die Fütterung ist ein Bereich, in dem sich Hunde häufig sehr viel Manipulation gestatten und ihre Besitzer entweder dazu erziehen, das Futter mit immer edleren Zutaten zu verfeinern, oder wahre Tragödien aufführen, wenn der Napf nicht zu einer bestimmten Uhrzeit „auf dem Tisch steht". Solche Manipulierer machen in der Regel auch in anderen Situationen, in denen es darum geht, schwierige Hörzeichen zu befolgen, keine besonders gute Figur und verhalten sich dabei aus ihrer Sicht auch vollkommen folgerichtig. Warum sollte man das Anliegen seines Menschen, zuverlässig zu kommen, befolgen, wenn dieser auf Unmutssignale bei der Fütterung prompt reagiert, indem er den Napf sofort bereitstellt oder bei mäkeligen Fressern bereitwillig anreichert? Dieses kleine Beispiel soll klarmachen, worauf wir Sie in diesem

Nach dem Fressen braucht der Welpe immer die Gelegenheit, sich zu lösen.

Buch noch an vielen Beispielen hinweisen werden: Erziehung ist eine ganzheitliche Angelegenheit, die den ganzen Tag, oft auch ohne dass es einem direkt bewusst wird, stattfindet. Reagiert man in einer bestimmten Situation, wie beispielsweise in der gerade beschriebenen, auf eine bestimmte Weise, so hat das auch auf andere Bereiche Auswirkungen. Deshalb ist es enorm wichtig, bei Dingen, die für das Tier von so existentieller Bedeutung sind wie das Fressen, keine erzieherische Bauchlandung hinzulegen.

Keine Manipulation beim Füttern zulassen

Wichtigste Erziehungsregel ist nun also, bei der Fütterung keinerlei Manipulation des Welpen zu etablieren. Reagiert er auf sein Futter (Nicht vergessen: In den ersten Wochen dasselbe füttern wie der Züchter!) etwas mäkelig, so sollten Sie es ihm wortlos wieder abnehmen und wegstellen. Zuwendung und Überredungsversuche würden dem Welpen nun lediglich signalisieren, dass sein Verhalten richtig ist, und Sie wären auf dem besten Weg, einen schwierigen Fresser heranzuziehen. Sie sollten dem Hund bei seiner Entscheidung, ob dies Futter nun auch das richtige für ihn ist, nicht allzu viel Zeit lassen. Sie sind erwachsen und klug genug, um ihm diese Entscheidung bereits im Vorfeld abgenommen zu haben. Der Napf sollte entfernt werden, sobald sich der Welpe von ihm entfernt, ob er nun etwas gefressen hat oder nicht. Sie müssen nicht befürchten, dass der Hund wegen einer ausgefallenen Mahlzeit gleich verhungert, und können ihm das Futter durchaus ein bis zwei Stunden später erneut anbieten. Der Appetit wird zu diesem Zeitpunkt mit großer Sicherheit schon ein viel stärkerer sein. Sollte der Hund jedoch

mehrere Mahlzeiten hintereinander komplett nicht anrühren
und gleichzeitig einen „gedrü-
ckten" oder gar ungesunden
Gesamteindruck machen, müssen Sie natürlich dringend den
Tierarzt konsultieren.

Zum Thema Futtermanipula-
tion durch den Hund noch ein
kleines Beispiel aus dem Alltag:
Einer unserer Kunden hatte aus
dem Urlaub einen Straßenhund
mit nach Hause gebracht, der
an seiner alten Wirkungsstätte
in der Nähe einer Müllkippe
gewohnt und sich dort auch
ernährt hatte. Kaum in Deutschland angekommen, entdeckte er
die Macht der Manipulation
und brachte seinen verunsicher-
ten Besitzer innerhalb kürzester
Zeit so weit, nur noch Exklusi-
ves zu füttern. Womöglich
kannte er überhaupt kein auf-
bereitetes Hundefutter, was
der Grund dafür gewesen sein
dürfte, dass er sich diesem
gegenüber zunächst etwas
zurückhaltend verhielt. Gleichzeitig war er aber anfangs keineswegs generell wählerisch,
hatte er sich ja ein solches Verhalten sein bisheriges Leben
lang gar nicht leisten können.
Zum Gourmet aber wurde
dieser Hund erst dadurch, dass
sein Besitzer aus Unsicherheit
und sicherlich auch aus Mitleid
auf sein zögerliches Verhalten
jedes Mal prompt mit „Verbesse-
rungsvorschlägen" reagiert
hatte.

Erziehung findet
immer auch in
vermeintlich unver-
fänglichen Alltags-
situationen statt.
Kinder sollten die
Fütterung übrigens
nur unter Anwesen-
heit eines Erwach-
senen vornehmen.

**Drängeln
ignorieren**

Ebenfalls mit Ignoranz sollte man Drängeleien des Welpen vor den Fütterungszeiten begegnen. Sie sind kein wandelnder Dosenöffner, sondern ein Partner, der das gemeinsame Team zum Wohle aller Beteiligten souverän leiten soll. Sollte der Welpe Sie mit Fiepen oder sonstigem aufmerksamkeitsheischenden Verhalten an die Fütterungszeit „erinnern", wäre es erzieherisch von großem Nachteil, ihm zur „Belohnung" für sein Verhalten nun den gefüllten Napf zu offerieren. Warten Sie einen kurzen Moment ab, in dem der Welpe die Vergeblichkeit seines Handelns eingesehen hat und von jeglicher Manipulation absieht. Oft kann man das manipulative Verhalten dadurch durchbrechen, dass man sich ein paar Minuten intensiv mit einer völlig anderen Sache beschäftigt, wie beispielsweise dem Blumengießen oder dem umständlichen Wegräumen eines Buches. Da frisch eingezogene Welpen noch recht wenig Erfahrung und Erfolg mit der Manipulation von Menschen haben, werden sie diese in der Regel sehr schnell aufgeben, sofern man den Anfängen konsequent wehrt. Sobald der Welpe jegliche Manipulation einstellt, kann er gefüttert werden. Erinnern Sie sich immer wieder selbst daran, dass Sie gerade einen großen Schritt auf dem Weg zum wohlerzogenen Hund machen, und die beschriebenen Maßnahmen werden Ihnen wesentlich leichterfallen.

Kurz gefasst
Richtig füttern

Bei der Fütterung des Welpen sind neben gesundheitlichen Aspekten auch erzieherische von großer Wichtigkeit. Welpen, die hier lernen ihre Besitzer zu manipulieren, bestimmen sehr schnell deren Fütterungsverhalten in puncto Qualität und/oder Schnelligkeit. Erfolgreiche Manipulationen des Hundes in scheinbar unwichtigen Alltagssituationen jedoch haben zusätzlich einen sehr negativen Einfluss auf die allgemeine Erziehungsbereitschaft.

Kinder und Fütterung

Nicht vergessen: Wie bereits erwähnt, kann und sollten Kinder bei der Fütterung mit beteiligt sein, indem sie z. B. unter Aufsicht und Anleitung Erwachsener das Futter in den Napf füllen. Während der Hund allerdings frisst, muss der Fressplatz aus Sicherheitsgründen für Kinder tabu sein.

Der Mensch in Napfnähe sollte für den Hund etwas Positives sein.

Info
Füttern, was auf der Packung steht?

Für viele Welpenbesitzer ist die richtige Futtermenge für ihren Hund ein großer Unsicherheitsfaktor und sie orientieren sich daher an dem „was auf der Packung steht". Leider werden mit dieser Menge erstaunlich viele Welpen viel zu mopsig oder sogar dick. Übergewicht aber bei heranwachsenden Hunden steht in nur allzu berechtigtem Verdacht, vielen Gelenkerkrankungen Vorschub zu leisten. Aus diesem Grund sollte man sich nicht zu gutgläubig an die Vorgaben der Futtermittelhersteller halten, deren größtes Interesse natürlich der Absatz ihrer Produkte ist. Hinzu kommt, dass jeder Welpe Futter anders verwertet und sich diese Verwertung in den verschiedenen Entwicklungs- und Wachstumsphasen des Hundes auch noch verändern kann. Daher muss man an jedem Welpen individuell festmachen, ob er evtl. zu viel Futter erhält oder gerade etwas mehr benötigt als sonst. Gradmesser dafür sollte immer sein, die Rippen des Tieres fühlen zu können, ohne sich durch eine Speckschicht auf die Suche begeben zu müssen. Die Angaben auf den Futterpackungen können dabei nur ein ungefährer Richtwert sein, der tendenziell eher als zu hoch angesehen werden sollte.

Hergeben von Fressbarem und Vermeidung von Futteraggression

Lernziel

Der Welpe lässt sich problemlos alles Fressbare abnehmen.

Sehr häufig haben wir in den letzten Jahren in unserer Hundeschule mit futteraggressiven Hunden zu tun. Dieses Problem jedoch kann durch eine entsprechende Prophylaxe beim Welpen leicht vermieden werden. Der Welpe nun kann und sollte zu seinem eigenen Schutz lernen, sich Futter abnehmen zu lassen. Regel Nummer Eins sollte dabei sein, sich in Sachen Fütterung – wie oben beschrieben – keinesfalls vom Welpen manipulieren zu lassen. Gleichzeitig sollten das Vertrauen fördernde Maßnahmen durchgeführt werden, die dem Hund deutlich machen, dass der Mensch zwar kontrolliert, aber deswegen noch lange nichts wegfrisst. Bevor der Welpe lernt, dass der Besitzer jederzeit Fressbares abnehmen darf, sollte er den Menschen in Futternapf- oder Kauknochen-Nähe als etwas prinzipiell Positives empfinden. Sinn und Zweck dieser Verknüpfung ist es, zu vermeiden, dass der Welpe in Stress gerät, sobald er frisst und der Mensch sich nähert. Stattdessen soll er in einem ersten Lernschritt Vertrauen entwickeln.

Schritt-für-Schritt-Anleitung

Schritt 1

Dazu können Sie folgendermaßen vorgehen: Nähern Sie sich dem fressenden Welpen mit einem leckeren Stückchen Wurst o. Ä. in der Hand und geben es ihm auf der Höhe seines Futternapfes, ohne ihm diesen abzunehmen. So kann der Welpe zunächst einmal lernen, dass die menschliche Hand an seinem Napf nur angenehme Folgen hat. Bei vielen futteraggressiven Hunden oder solchen, die sich nichts Fressbares wegnehmen lassen, wurde dieser Schritt in der Regel vergessen. Gerade unsichere, sensible oder nervöse Welpen aber reagieren auf Störungen beim Fressen sehr empfindlich, und schon so manche Futteraggression wurde dadurch, dass man dem Welpen ohne vorherige Positiv-Maßnahmen ständig den Napf abnahm, geradezu anerzogen.

Schritt 2

Haben Sie diese vertrauensbildende Maßnahme im Verlauf von ein bis zwei Wochen alle zwei bis drei Tage einmal durchgeführt, so können Sie zu Schritt 2 übergehen. Nähern Sie sich dem fressenden Welpen nun ohne Leckerchen in der Hand. Achten Sie dabei unbedingt auf Ihre Körpersprache, gehen weder geduckt noch schleichend, sondern ruhig und gelassen auf den Welpen zu. Nehmen Sie

Bevor der Napf auch einmal abgenommen wird, sind vertrauensfördernde Maßnahmen angesagt.

den Napf ohne ein Wort weg und warten einen kurzen Moment ab. In der Regel wird ein Welpe, der den Menschen am Futternapf als etwas Positives kennengelernt hat, hier keinen Protest anmelden und man kann ihm zur Belohnung dafür seinen Napf direkt wieder geben. Es ist in dieser Phase völlig ausreichend, wenn dies ein bis zwei Mal pro Woche geübt wird. Reagiert der Welpe mit einem Knurren, sobald Sie zum Futter greifen, darf er seinen Napf keinesfalls sofort im Anschluss zurückerhalten, da ihn dies in seinem Benehmen nur bestärken würde. Nehmen Sie in einem solchen Fall den Napf ruhig und souverän weg und schieben den Hund energisch zur Seite. Auf weitere körperliche Maßnahmen ist zu verzichten. Sinnvoller ist es, einem solchen Welpen seine biologische Abhängigkeit vom Menschen für eine gewisse Zeit deutlich vor Augen zu führen und ihn für mindestens eine Woche nicht mehr aus seinem Napf, sondern ausschließlich aus der Hand zu füttern. In dieser Phase darf er keine Kauknochen o. Ä., was verteidigt werden könnte, erhalten. Führt dies zu keiner Besserung, sollte man dringend professionelle Hilfe in Anspruch nehmen.

Dieser Schritt sollte erst nach einer sorgfältigen Vorbereitung unternommen werden.

Übungsobjekte ausweiten

Gibt es hingegen keine Probleme, kann die Übung auch am Kauknochen versucht werden. Auch hier gilt aber zunächst die bereits eingeführte Vorgehensweise. Auf der Höhe seines Kauknochens bekommt der Welpe im Verlauf von ein bis zwei Wochen ein paar Mal ein attraktives Leckerchen, ohne dass der Mensch den Knochen abnimmt. Erst dann folgt erneut Schritt 2: Kauknochen kurz wegnehmen und bei Kooperation und aggressionsfreiem Verhalten direkt wieder zurückgeben. Knurren oder gar Schnappen sollten in der beschriebenen Weise geahndet werden: Knochen souverän abnehmen, keinesfalls zurückgeben und Hund beiseiteschieben. Auch in diesem Fall empfiehlt sich eine mindestens ein- bis zweiwöchige Handfütterung. Hundekuchen und sonstige Kauartikel sind währenddessen komplett zu streichen. Sollte jedoch nach einer Woche konsequenter Handfütterung keine deutliche Besserung eintreten, so läuft in der Regel mehr schief, als man auf den ersten Blick vermuten möchte, und man sollte einen Experten hinzuziehen.

Abschließend ein wichtiger Hinweis: Egal bei welchem der beschriebenen Schritte Sie sich gerade befinden, keinesfalls sollten die entsprechenden Übungen am Futternapf oder an Knochen zu häufig durchgeführt werden. Ständige und gar noch unsouveräne Futterkontrolle verursacht vielen Welpen Stress und kann eine Etablierung unerwünschter Verhaltensweisen hervorrufen.

Kurz gefasst
Futteraggression vermeiden

Um zu vermeiden, dass der Welpe futteraggressives Verhalten entwickelt, sind zunächst vertrauensbildende Maßnahmen vonnöten. Erst im Anschluss daran soll der Welpe lernen, dass der Mensch Fressbares gelegentlich auch einmal wegnimmt. Im weiteren Verlauf des Zusammenlebens reicht es aus, etwa ein Mal wöchentlich zu kontrollieren, ob sich der Hund auch weiterhin Futter abnehmen lässt.

Wo der Welpe nachts schlafen sollte

Wir empfehlen eigentlich generell, dem Welpen im Schlafzimmer ein Plätzchen einzurichten. Der Hund hat so Gelegenheit, sozusagen im Schlaf Bindung aufzubauen und wird durch nächtliches Alleinsein nicht unnötig geängstigt. Der Mensch bemerkt nächtliche Unruhe sofort und kann entsprechend reagieren. Keine Angst: Ihre wohlverdiente Nachtruhe wird nicht wochenlang gestört werden. Normalerweise schlafen Welpen bereits nach wenigen Tagen problemlos durch, ohne sich lösen zu müssen. Am Morgen muss es dann natürlich schnell gehen: Damit nichts daneben geht, holen Sie den Hund am besten erst dann aus seiner Box (Gewöhnung S. 106)

oder Kiste, nachdem Sie sich rasch etwas „Pipiwiesentaugliches" angezogen haben und tragen ihn nach draußen. Möchte man den Welpen später aus dem Schlafzimmer aussiedeln und ihm einen anderen nächtlichen Ruheplatz zuweisen, sollte man dazu das Ende der Pubertät abwarten. Da Hunde dazu neigen, sich während der „Rüpelphase" zu verselbstständigen, ist es ratsam, diesen Prozess nicht auch noch durch eine plötzliche, räumliche Trennung in den Nächten zu unterstützen.

Wichtig
So trägt man den Welpen richtig

Viele Welpenbesitzer greifen ihrem Welpen beim Hochnehmen unter die Achseln der Vorderbeine und ziehen in so nach oben. Besser ist es, den jungen Hund – je nach Größe – gleichzeitig um Brust und Po bzw. Bauch und Po zu greifen und auf diese Weise hochzunehmen. Sollte sich der Welpe beim Halten auf dem Arm unwillig und zappelig verhalten, ist es wichtig, ihn erst in einem Moment der Ruhe abzusetzen, um unruhige Verhalten nicht zu verstärken.

Erziehungsthema – Stubenreinheit

Lernziel

Der Welpe löst sich zuverlässig nur noch außerhalb der Wohnung und reagiert draußen auf ein Lösesignal (**MACH SCHÖN** o. Ä.).

So wird's gemacht

Sobald junge Welpen in der Lage sind, sich fortzubewegen, streben sie danach, ihre Wurfkiste zum Lösen zu verlassen. Es ist ihnen offensichtlich schon früh unangenehm, ihre nächste Umgebung, d. h. zunächst ihren Schlafplatz, zu verschmutzen. Dieses Phänomen kommt dem Menschen bei der Erziehung zur Stubenreinheit zugute, doch der bevorzugte Löseort eines Welpen wird bereits in den ersten Lebenswochen vor der Abgabe erlernt. Zieht der Vierbeiner nun ein, gilt es zuallererst, die eigene Beobachtungsgabe zu schulen. Je häufiger der Welpe – weil unbeobachtet – die Gelegenheit hat, sich innerhalb des Wohnbereichs zu lösen, desto langwieriger wird die Sauberkeitserziehung werden. Optimalerweise gewöhnt man sich selbst und den jungen Hund vom ersten Tag an einen ganz bestimmten Rhythmus, etwa: mindestens alle zwei Stunden, auf jeden Fall aber nach jedem Fressen und nach dem Aufwachen des Welpen. Damit auf dem Weg nach draußen nicht schon ein Malheur passiert, sollte der Hund dafür so lange wie möglich nach draußen getragen werden. Es erleichtert die Sache ungemein, wenn der Welpe zum Lösen immer an dieselbe Stelle gebracht wird und an dieser Stelle auch keine anderen Aktivitäten stattfinden. Möchten Sie den Hund an eine ganz bestimmte Ecke im Garten gewöhnen, muss er auch dahin getragen werden und darf darüber hinaus sonst nicht unbeaufsichtigt im Garten herumlaufen.

Jedes Lösen des Hundes an geeigneter Stelle sollte mit einem Lösesignal unterstützt werden.

Soll der Garten vom Hund genauso behandelt werden wie der Perserteppich, so muss dort mit exakt derselben Sorgfalt vorgegangen werden wie im inneren Wohnbereich. Sofern der Welpe mehrfach am Tag die Gelegenheit hat, sich unbeobachtet im Garten wo immer er möchte zu erleichtern, kann er nicht lernen, was hier erwünscht ist und was nicht. Dasselbe gilt für den Wohnbereich: Je weniger Möglichkeiten zum Pipimachen sich drinnen ergeben, desto schneller die Gewöhnung, dies ausschließlich draußen zu tun. Schon allein aus diesem Grund ist es nicht ratsam, den Welpen in der ersten Zeit – auch nicht nachts – alleine zu lassen. Wann immer der Welpe sich nun an einer geeigneten Stelle löst – sei es auf dem Spaziergang oder auf der „Pipiwiese" sollte er mit einem Lösesignal wie z. B. **MACH SCHÖN** und freundlichem Lob unterstützt werden. Dieses Signalwort wird Ihnen – bei entsprechender Konsequenz – bereits nach wenigen Tagen eine gute Hilfe sein, den Welpen an geeigneten Plätzen zum Lösen zu animieren.

Malheure passieren

Trotz aller Vorsichtsmaßnahmen wird der Welpe gelegentlich dennoch in die Wohnung machen. Man muss wissen, dass der junge Hund bis zu einem Alter von ca. 12 bis 13 Wochen (mit individuellen Unterschieden) noch gar nicht in der Lage ist, seine Blase zu kontrollieren. Daher ist auch der erwähnte Rhythmus und die ständige sorgfältige Beobachtung von so großer Bedeutung, denn sie helfen dem Welpen, sich dennoch zuverlässig an bestimmte Plätze und Zeiten zu gewöhnen. Spektakuläre Erfolge bei der Sauberkeitserziehung, von denen man Hundebesitzer gelegentlich berichten hört („Meiner war schon mit zehn Wochen stubenrein!"), sind übrigens in erster Linie auf eine gute Beobachtungsgabe und ein ebenso gutes Zeitmanagement zurückzuführen. In der Regel hat auch der Züchter schon im Vorfeld das Seine dazu beigetragen. Grund zur Verzweiflung, weil der eigene Welpe in diesem Alter noch nicht perfekt sauber ist, sind solche Erzählungen jedoch nicht.

Nicht schimpfen!

Was jeder Welpenbesitzer beim Thema Stubenreinheit wissen muss, ist, wie und wann reagiert werden sollte, wenn der Welpe sich in der Wohnung löst. Der größte Fehler, der im Übrigen einer der Todsünden in der Hundeerziehung ganz allgemein darstellt, ist eine Korrektur oder gar ein Schimpfen, das zu spät erfolgt. Übertragen auf die Stubenreinheit wäre dies folgende Situation: Sie betreten das Wohnzimmer und sehen, wie sich der Welpe gerade von seiner Pfütze entfernt. Schimpfen dürfen Sie nun zwar, aber nur mit sich selbst und auch das nur innerlich, weil Sie gerade nicht richtig aufgepasst haben. Für eine Korrektur des Welpen hingegen ist es zu spät. Eine bekannte Verhaltensforscherin verwendet im Zusammenhang mit der Korrektur von Hunden die hervorragende und sehr bildhafte Vokabel des „Hineinreagierens". Hineinreagieren aber können Sie nur, wenn Sie den Welpen dabei erwischen, wie er gerade in „Pipistellung" geht, sonst nicht. Eine verspätete Korrektur, bei der der Welpe sogar noch schimpfend zum Ort des Geschehens geschleift oder mit der Nase in seine Hinterlassenschaft gedrückt wird, ist lediglich geeignet, das Vertrauen des Welpen schon früh auf eine harte Probe zu stellen oder gar nachhaltig zu schädigen. Ein Welpe, der auf diese Weise dennoch stubenrein wird, wird dies übrigens nicht wegen der „Bemühungen" seiner Besitzer, sondern trotzdem.

Begibt sich der Welpe so auffällig auf die Suche, ist es höchste Zeit, ihn nach draußen zu bringen.

Info
Hilfe! Mein Hund meldet sich nicht!

Viele Welpenbesitzer geraten geradezu in schiere Verzweiflung, weil ihr Welpe sich – anders als wahrscheinlich Kommissar Rex in jungen Jahren – nicht meldet, wenn er raus muss. Dabei ist dieses „Melden", so praktisch es einem erscheinen mag, gar keine Angewohnheit, die besonders viele Hunde entwickeln. Insbesondere gut angepasste und integrierte Hunde warten auf Signale ihrer Besitzer, bevor sie selbst Interesse zeigen, hinaus zu wollen. Andere sind besonders gut im Einhalten und sehen daher keine Veranlassung, dem Menschen anzuzeigen, dass sie müssen. Bei Welpen, die ihre Blase noch nicht zu hundert Prozent kontrollieren können und die auch noch schlicht zu wenig Lebenserfahrung haben, kann man nicht erwarten, dass sie sich zuverlässig melden. Daher sollte man nicht darauf warten, dass der Welpe ein deutliches Zeichen gibt, sondern muss selbst dafür Sorge tragen, dass er häufig genug nach draußen kommt.

Viele Hundebesitzer lassen sich hier von dem vermeintlich schlechten Gewissen des Welpen täuschen und glauben, er wisse ganz genau, dass er das nicht hätte tun dürfen. Leider fragen sie sich weder kritisch, vom wem noch woher, und wissen außerdem auch nicht, was oben bereits erwähnt wurde: dass der Welpe seine Blase unter Umständen noch gar nicht vollständig kontrollieren kann. Haben Sie also keine Gelegenheit mehr, in das Verhalten „hineinzureagieren", bleibt Ihnen nichts anderes mehr übrig, als die Hinterlassenschaft des Welpen wegzuputzen und in Zukunft noch besser aufzupassen. Wird der Hund jedoch direkt bei der Tat ertappt, so sollten ebenfalls keine großen Gardinenpredigten oder gar körperliche Strafmaßnahmen folgen. Ein deutliches **NEIN**, ein schnelles Hochnehmen und Nach-draußen-Tragen reichen völlig aus.

Schritte

Schritt 1
(bis etwa zur 14. Woche)

Schritt 2
(bis etwa zur 18. Woche)

Das „schlechte" Gewissen

Übrigens: Das vermeintlich schlechte Gewissen, welches nicht nur Welpen so gerne unterstellt wird, ist nichts anderes als Beschwichtigungs- und Demutsverhalten, d. h. Gesten und Signale, die der Welpe in seinen ersten Lebenswochen im Umgang mit seinen Wurfgeschwistern und seiner Mutter gelernt und erfolgreich erprobt hat. Es ist mittlerweile bekannt, dass Hunde in der Lage sind, jegliche Veränderungen im Geruchsbild des Menschen zu erkennen. Da ein ärgerlicher Mensch nun einmal entsprechende Stoffe ausschüttet, spürt oder besser gesagt riecht der Hund diesen Ärger, noch bevor der Mensch den Mund geöffnet hat und reagiert mit Unterwürfigkeitsgesten, um dem Ärger zu entgehen. Dem Welpen ebenso wie dem erwachsenen Hund hier etwas anderes zu unterstellen, wäre schlichtweg falsch und vermenschlichend.

Schritt 3
(bis etwa zur 30. Woche)

Übungsplan zur Stubenreinheit

Wie wird's gemacht?	Wo?	Wie oft?	Hilfe, es klappt nicht!	Lernziel
Das Erlernen einer zuverlässigen Stubenreinheit bedarf in dieser Phase ständiger Beaufsichtigung! **Dabei helfen:** Gewöhnung an Box, nächtlicher Schlafplatz im Schlafzimmer.	Im Haus. Im Wohnbereich. Im Schlafzimmer.	Beaufsichtigung rund um die Uhr! Welpe sollte nachts immer im Schlafzimmer nächtigen.	Welpen besser beobachten, häufiger nach draußen gehen. Bei sehr häufigem Harndrang (Anhaltswert: öfter als alle 45 min.) unbedingt beim Tierarzt eine evtl. Blasenentzündung abklären lassen.	Welpe lernt **nicht**, dass man auch ins Haus machen kann.
Außerdem: Bei den geringsten Anzeichen von Unruhe muss der Welpe sofort nach draußen getragen werden. Darüber hinaus tagsüber mindestens alle ein bis zwei Stunden hinaus tragen. Mit Hörzeichen **MACH BÄCHLEIN** o. Ä. animieren. Während des Lösens den Welpen loben. Löst der Welpe sich beim Spaziergang auf geeignetem Untergrund (Wiese, Feld, Wegrand), loben und mit Hörzeichen unterstützen.	Zum Lösen am besten immer an eine bestimmte Stelle tragen bzw. an eine Stelle mit demselben Untergrund (Gras, Wiese). Evtl. an eine feste „Toilettenecke" im Garten tragen. Auf dem Spaziergang.	Immer bei Anzeichen von Unruhe bzw. alle ein bis zwei Stunden. Hörzeichen und Lob immer einsetzen. In den ersten Wochen immer an feste Plätze tragen. Bei jeder Gelegenheit.	Noch besser auf den immer gleichen Löse-Untergrund achten. .	Welpe gewöhnt sich an einen regelmäßigen Rhythmus. Welpe gewöhnt sich an ein Löse-Hörzeichen. Welpe gewöhnt sich an einen bestimmten (geeigneten!) Löse-Untergrund.
Welpen nicht mehr zum Lösen nach draußen tragen, sondern anleinen und rasch zur bereits bekannten Lösestelle laufen. Dort mit Löse-Hörzeichen animieren und während des Lösens loben, ebenfalls auf allen Spaziergängen auf geeignetem Untergrund.	An den bereits bekannten Stellen und auf jedem Spaziergang.	Mindestens alle zwei bis drei Stunden nach draußen führen. Hörzeichen und Lob immer.	Welpe ist evtl. organisch noch nicht in der Lage, seine Blase zu kontrollieren oder hat noch zu oft Gelegenheit, sein Geschäft im Haus oder auf ungeeignetem Untergrund zu verrichten: Sich selbst zu mehr Konsequenz bei der Kontrolle erziehen, zurück zu Schritt 1.	Welpe läuft an der Leine mit seinem Menschen gezielt zur Lösestelle und „verliert" unterwegs nichts mehr. Welpe löst sich nur noch selten im Wohnbereich oder auf ungeeigneten Flächen. Welpe reagiert auf das Löse-Hörzeichen.
Welpen anleinen und in Ruhe zum Löseplatz laufen, dort mit Löse-Hörzeichen animieren.	An den bereits bekannten Stellen und auf jedem Spaziergang.	Alle drei bis vier Stunden nach draußen führen.	Zurück zu Schritt 2.	Hund wird immer zuverlässiger stubenrein, sucht beim Spaziergang selbstständig einen geeigneten Untergrund, löst sich so gut wie nie auf ungeeigneten Flächen wie z. B. direkt auf der Straße.

Die Hundebox bei der Haltung und in der Erziehung

Sinn und Zweck der Hundebox

Gewöhnung an die Box

Eine Hundebox kann bei der Erziehung des Welpen außerordentlich hilfreich sein. Welpen lieben es, sich zum Schlafen und zum Schutz in höhlenartige Gebilde zurückzuziehen, womöglich Reste wölfischen Erbes. Allerdings muss man sich die Mühe machen, eine sorgfältige Gewöhnung vorzunehmen, die aber in der Regel nur wenige Tage in Anspruch nimmt. Den ersten Versuch sollten Sie unternehmen, wenn der Welpe sichtlich müde ist. Die Box muss natürlich mit einer weichen Decke ausgestattet sein. Setzen Sie den Welpen hinein und sich selbst am besten direkt daneben, ohne die Box zu schließen oder den Hund anzusprechen. Er soll lediglich Ihre Nähe spüren. Gleichzeitig sollte sich in dieser Gewöhnungsphase kein anderer Platz in der Nähe befinden, an dem es sich der Hund sonst gerne zum Schlafen gemütlich machen würde. Ist der Welpe eingeschlafen, können Sie Ihre Stellung neben der offenen Box ruhig verlassen, sollten aber immer ein Auge darauf haben, ob sich der Hund zu regen beginnt, denn er wird sich auf jeden Fall lösen müssen, sobald er wach ist. Da

Die Lieblingsdecke und ein paar kleine Leckerchen erleichtern das Kennenlernen der Box.

das Schlafbedürfnis von Welpen in den ersten Wochen, insbesondere nach Aktivitäten, enorm ist, werden Sie mehrmals am Tag Gelegenheit haben, diesen Ort als Schlafplatz attraktiv zu machen. Schon nach wenigen Tagen werden Sie feststellen können, dass der Welpe diesen Platz von sich aus aufsuchen wird, sobald er müde ist. Zusätzlich können Sie mehrmals am Tag ein paar kleine Leckerchen in die offene Box werfen. Zuvor sollte der Welpe aber mit **GUCK MAL** o. Ä. darauf aufmerksam gemacht worden sein, dass an der Box etwas Interessantes stattfindet.

Die Box einsetzen

Nun können Sie die Box auch nachts einsetzen und schließen. (Bis zur Gewöhnung verwenden Sie nachts im Schlafzimmer lieber eine hohe, offene Kiste, aus der der Welpe nicht herausspringen kann.)

Allerdings darf der Welpe, sofern er nachts in der Box schlafen soll, dies ausschließlich im Schlafzimmer neben dem Bett tun, damit sofort bemerkt wird, wenn etwas nicht in Ordnung ist. Keinesfalls darf der Welpe über Nacht in verschlossener Box in ein anderes Zimmer gesperrt werden! Tagsüber kann die Hundebox mit geschlossener Tür eingesetzt werden, sobald der Welpe sie insgesamt freiwillig zum Schlafen aufsucht und nachts auch schon in verschlossener Box neben dem Bett schläft. In der Regel ist dies bei fleißigem Üben bereits nach wenigen Tagen der Fall.

Vorteile der Box

Tagsüber nun kann die Hundebox für folgende Situationen von Nutzen sein: Der Hund ist müde, Sie brauchen ein halbes Stündchen für sich und können den Hund gerade nicht beaufsichtigen. Der Vorteil einer kurzen Unterbringung: Der Hund kann nichts ankauen oder anfressen und sich so nicht gefährden. Außerdem besteht nicht die Gefahr, dass er irgendwo unbeobachtet ein Pfützchen hinterlässt.

Die Box als Auszeit-Örtchen

Immer wieder liest man, dass die Box innerhalb der Alltagserziehung gute Dienste als „Auszeit-Örtchen" leisten kann. Sei es, dass der junge Kerl sich bei Besuch schlecht benimmt, das Kind traktiert, beim Spielen zu sehr aufdreht und Spiel mit Ernst verwechselt: Eine kurze Verwahrung in der Box, hört man häufig, reguliere den über die Maßen aufgeregten Welpen recht schnell. Wir empfehlen in allererster Linie, dass der Mensch zunächst lernen muss, seinen Welpen bzw. erwachsenen Hund durch eine souveränes und konsequentes Auftreten einzuschränken und – wenn nötig – zur Räson zu bringen. Das funktioniert dann am besten, wenn der Welpe ganz generell lernt, dass es Grenzen gibt, die zum Wohle aller eingehalten werden müssen. Damit der Hund nun aber Grenzen als normalen Bestandteil des Lebens erkennt, muss Hundeerziehung möglichst ganzheitlich vonstattengehen (S. 184). Das frühzeitige Erlernen von Abbruchsignalen wie z. B. **NEIN** oder **AUS** (S. 163) ist eine zusätzliche Hilfe. Nimmt man die Erziehung seines Welpen in dieser Form wahr und bemüht sich so tatsächlich um

Nach dem Kennen-
lernen darf die Box
schon kurz ver-
schlossen werden.

natürliche Grenzziehungen, so kann die Box als letztes Mittel für
einen völlig überdrehten Welpen, der sich überhaupt nicht zur Ruhe
bringen lässt, in der Tat eine kurzzeitige Hilfe sein. Doch neben der
konsequenten Bemühung um ganzheitliche Erziehung müssen als
Voraussetzung noch weitere Punkte beachtet werden. Bevor der
Welpe, um zur Ruhe zu kommen, in die Box gebracht wird, muss
versucht worden sein, ihn auf verbalem Weg, z. B. mit einem deutlichen **NEIN**, zu regulieren. Selbstverständlich sollte er zuvor
Gelegenheit gehabt haben zu lernen, was **NEIN** überhaupt bedeutet (S. 156) Nehmen Sie ihn, sofern er nicht reagiert, ruhig und souverän hoch, wiederholen das Signalwort und bringen ihn in die
Kiste, die in einem solchen Fall geschlossen wird. Die Box muss
hierzu auf jeden Fall in Blicknähe, d. h. gegebenenfalls im Wohnbereich sein. Das bedeutet, dass Sie sie für den Tag umstellen oder
sich evtl. eine zweite besorgen müssen, was allerdings eine unnötige Geldausgabe ist, da die gängigen Hundeboxen leicht sind und
problemlos getragen werden können. (Natürlich können Sie auch
für die Nächte eine hohe Kiste beibehalten bzw. auf ein ganz normales Körbchen umsteigen, sobald der Hund nachts zuverlässig
sauber ist.) Doch zurück zur erläuterten Erziehungsmaßnahme.
Der Welpe hat nun keine andere Wahl mehr, als sein Verhalten einzustellen und lernt so, dass Ihre vorangegangenen verbalen Verbote
ernst zu nehmen sind. Einige wenige Minuten in der Box zur
„Erholung" reichen völlig aus und der Welpe darf wieder hinaus,
was er selbstverständlich als Belohnung empfindet. Ein fataler Fehler beim Einsatz der Box in der Welpenerziehung ist es übrigens,
den Welpen in einem Moment herauszulassen, in dem er fiept oder
auf andere Weise seinen Unmut über diese Maßnahme zeigt, da er

sonst lernt, dass Unmutsäußerungen seinerseits für ihn zum gewünschten Ergebnis führen. Da die Hundebox als erzieherischer Notanker erst zum Einsatz kommen darf, wenn der Welpe sie als Schlafplatz gerne und freiwillig aufsucht, dürfen Sie ohne schlechtes Gewissen davon ausgehen, dass es nicht die Box als solche ist, die dem jungen „Wilden" gerade Probleme bereitet, sondern die Tatsache, dass eine einschränkende Maßnahme stattgefunden hat. Beim Öffnen der Tür sollte keine überschwängliche Ansprache stattfinden, um den Welpen nicht erneut in Wallung zu versetzen. Seien Sie ruhig und souverän und gestatten dem Hund völlig selbstverständlich, wieder am sozialen Leben teilzuhaben.

Kurz gefasst
Der richtige Einsatz der Hundebox

Die Hundebox ist bei der Aufzucht des Welpen eine hervorragende Hilfe. Sie kann als nächtlicher Schlafplatz im Schlafzimmer zum Einsatz kommen und auch tagsüber als kontrollierte Schlafstätte im Wohnbereich dienen. Um unerwünschtes Verhalten abzubrechen, sollte sie allerdings erst die Ultima Ratio sein, und das auch nur dann, wenn der Mensch sich tagtäglich durch eine ganzheitliche Erziehung um natürliche Grenzziehungen bemüht. Dabei sollte man sich klarmachen, dass hier rein erzieherisch der Abbruch einer äußerst unerwünschten Verhaltensweise und kein längerer Aufenthalt „zur Strafe" das Ziel ist! Keinesfalls darf die Hundebox tagsüber als längerer Aufenthaltsort für den Welpen missbraucht werden!

Zerstörungen durch den Welpen verhindern

Kontrolle ist wichtig

Ganz ähnlich wie beim Thema Stubenreinheit muss auch hier die erste Antwort auf die Frage: „Wie verhindere ich Zerstörungen durch den Welpen?" lauten: durch Kontrolle. Ein Welpe, der immer wieder und gar längere Phasen des Tages unbeobachtet sich selbst überlassen wird, kann nicht lernen, was richtig und falsch, was erwünscht und unerwünscht ist. Welpen neigen sehr stark dazu, alles anzukauen. Bei vielen lässt dieses Verhalten erst nach der Zahnwechselphase, die mit rassespezifischen Unterschieden zwischen dem 3. und 7. Monat vonstattengeht, deutlich nach. Hat ein Hund allerdings gelernt, dass sich mit dem Zerkauen von Gegenständen Frust, Langeweile und Alleinsein erträglicher gestalten lassen, kann die Zerstörungswut Teil seines Verhaltensrepertoires werden. Daher sollte man diesem Thema besondere Aufmerksamkeit schenken. Dass man zunächst möglichst wenig Verführerisches herumliegen lassen sollte, versteht sich von selbst. Solange man das Hörzeichen **NEIN** noch nicht etabliert hat, empfiehlt es sich, dem Hund das Kauobjekt schlicht ruhig, aber bestimmt abzunehmen, wegzuräumen und ihm eine Alternative anzubieten: Etwas, dass tatsächlich ausschließlich für den Hund angeschafft wurde, also entweder ein Kauknochen oder ein Spielzeug; keinesfalls ein Gegenstand aus dem „Menschenhaushalt", wie etwa ein alter Schlappen o. Ä. Handelt es sich bei dem traktierten Objekt um etwas, dass nicht weggeräumt werden kann, wie z. B. ein Tischbein oder ein großer Teppich, so sollte der Hund zunächst abgelenkt werden, bevor er sein eigenes Spielzeug erhält. Dafür kann man entweder ein quietschendes Gummispielzeug einsetzen oder den Hund mit hoher und freudiger Stimme („Ui", „Ui") ansprechen und an eine andere Stelle locken. Diese Form der Umlenkung sollte jedoch nur so lange erfolgen, bis der Hund das **NEIN** kennengelernt hat. Als generelles Erziehungsmittel, um den Welpen von dem, was er

Solange der Welpe NEIN noch nicht gelernt hat, kann man ihn mit einer Alternative ablenken.

gerade tut, abzuhalten, kann eine reine Um- bzw. Ablenkung durchaus problematisch sein, denn der Hund lernt so nicht dauerhaft, dass das Ankauen bestimmter Gegenstände ein Tabu ist. Ob er es also nach der Zahnwechselphase sein lassen wird oder nicht, bleibt mehr oder weniger dem Zufall überlassen. Doch eine dauerhafte, reine Ablenkung birgt noch eine weitere Gefahr, nämlich die der ungewollten Belohnung. Erfährt der Welpe direkt nach einem unerwünschten Verhalten eine Belohnung in Form eines Kauknochens oder eines Spielzeugs, kann er auf Dauer durchaus zu der Verknüpfung gelangen, dass sein eigentliches Fehlverhalten erwünscht ist, da es immer positive Folgen nach sich zieht. Für die ersten Tage nach Einzug des Welpen aber ist eine reine Umlenkung völlig in Ordnung. Auf Dauer jedoch muss er die Gelegenheit erhalten, unerwünschtes Verhalten von erwünschtem klar und deutlich unterscheiden zu lernen. Zu diesem Zweck sollte, um Verhalten abzubrechen, ein Tabuwort wie **NEIN** etabliert werden. So kann dieses in Zukunft bei Verhaltensweisen, die der Welpe einstellen soll, eingesetzt werden, bevor man dem Hund eine Alternative anbietet. Übrigens: Sollte der Welpe einmal etwas kaputt gemacht haben und dabei nicht auf frischer Tat ertappt worden sein, dürfen Sie – trotz allem verständlichen Ärger – keinesfalls mit Korrektur oder Geschimpfe reagieren. Bei der Zerstörung von Gegenständen gilt dasselbe wie bei anderen unerwünschten Verhaltensweisen, die abgebrochen werden sollen: Man muss in das Verhalten hineinreagieren. Zeitlich verzögerte Korrekturen haben keinen Lerneffekt für das Tier.

Erziehungsthema – Kommen

Kaum etwas lernen Welpen so rasch, wie **nicht** zu kommen, wenn sie gerufen werden. Daher erfordert dieses Thema ein Höchstmaß an Aufmerksamkeit, Geschick und vor allem Selbstdisziplin. Das soll Sie aber keinesfalls abschrecken, denn die Erfolge, die man bei Beachtung der entsprechenden Regeln mit einem Welpen erzielen kann, sind immens und werden auf jeder Etappe Ihrer Bemühungen Motivation und wohlverdiente Belohnung sein. Zunächst einmal sollte man sich klarmachen, dass die Spaziergänge in den nächsten Wochen in erster Linie der Erziehung des Welpen dienen sollen, wobei zwei Lernziele ganz klar im Vordergrund stehen:

Lernziele

▶ Der Welpe lernt, sich selbstständig und ohne Zuruf an seinem Menschen zu orientieren, ihm zu folgen und innerhalb eines bestimmten Radius zu bleiben. Diese Übung wollen wir im weiteren Verlauf „stumme Orientierungsübung" nennen.

▶ Der Welpe lernt, auf ein bestimmtes Hörzeichen wie **KOMM**, **HIER**, **ZU MIR** o. Ä. sofort und zuverlässig zu seinem Menschen zu laufen. Wir werden der Einfachheit halber hier von **KOMM**-Übung sprechen. Da vielen Hundebesitzern jedoch das Hörzeichen **KOMM** im Alltag zu schnell und vor allem zu willkürlich über die Lippen kommt, kann es sinnvoll sein, auf ein weniger gebräuchliches Wort wie z. B. **HIERHIN** zurückzugreifen. Wichtig ist allerdings, immer dasselbe, möglichst kurze Wort zu verwenden.

Um diese Lernziele zu erreichen, müssen zunächst Verknüpfungsübungen durchgeführt werden, die dem Welpen ermöglichen, die Bedeutung des Wortes **KOMM** zu lernen. Bevor es nun aber so weit ist, muss ein entsprechendes Lernfeld geschaffen und bestimmte Bedingungen erfüllt werden.

Voraussetzungen

Die Erziehungsspaziergänge der ersten Wochen sollten (Achtung: Im Grunde muss jeder Spaziergang der nächsten Wochen und Monate ein Erziehungsspaziergang sein!) in möglichst unbekannter Umgebung stattfinden. Dadurch erreicht man von vornherein eine wesentlich höhere Aufmerksamkeit und Orientierungsbereitschaft beim Welpen. Außerdem ist eine entspannte Atmosphäre zum Lernen enorm wichtig, und in der ersten Zeit werden Sie diese vor allem in einer ablenkungsarmen Umgebung finden. Missachtet man dies und läuft stattdessen jeden Tag von zu Hause aus dieselbe Strecke, ist die Gefahr, dass der Welpe sich bereits nach wenigen Tagen mehr an seiner Umgebung orientiert als an seinem Menschen, sehr hoch. Wir betreuen regelmäßig Welpen in unserer Hundeschule, die auf ihnen bekannten Spazierwegen schon nach kürzester Zeit kaum noch eine Orientierung an ihren Besitzern zeigen und sich dabei unverhältnismäßig weit entfernen. In der Regel gelingt es, dem Besitzer ein verändertes „Spaziergeh'-Verhalten" ans Herz zu legen, um eine Wendung zum Besseren zu erzielen, und deutlich zu machen, dass dem Hund anderenfalls eine lebenslange „Leinen-Haft" droht.

Die ersten Schritte

Sie sollten sich für Ihre ersten Schritte mehrere unbekannte Strecken aussuchen, die relativ gering frequentiert sind und täglich variiert werden können. Sofern möglich, sollten diese nicht zu Fuß angelaufen, sondern mit dem Auto angefahren werden. Da der Welpe so nicht weiß, wo er sich befindet und in welche Richtung man evtl. schnell wieder nach Hause laufen könnte, wird seine Orientierungsbereitschaft deutlich intensiver ausfallen. Nicht verschwiegen werden soll, dass es – wenn auch sehr selten – gelegentlich Welpen gibt, die sich in unbekanntem Gelände schlechter orientieren als in bekanntem, da sie die ungewohnten und neuen Gerüche sehr stark von ihrem Menschen ablenken. Sollten Sie diese Feststellung bei Ihrem Welpen machen, so ist es sinnvoller, in bekanntem Gelände spazieren zu gehen. Ansonsten gelten allerdings dieselben Regeln.

Leckerchen mitnehmen, Schleppleine tragen!

Der Mensch sollte auf jedem Spaziergang mit einem Beutel kleiner Leckerchen ausgestattet sein, der Welpe (immer!) seine dünne 10-Meter-Schleppleine tragen. Der Welpe muss nun auf jedem Spaziergang die Möglichkeit bekommen, zu lernen und die angestrebten Lernziele zu erreichen. Nur gelegentliche Erziehungsspaziergänge gepaart mit zusätzlichen „Laisser-faire-Spaziergängen" ohne Schleppleine und Leckerchen, noch dazu in ungeeigneter, weil zu ablenkungsreicher Umgebung, machen einen Erfolg leider unmöglich. Lassen Sie sich davon nicht erschrecken, Sie benötigen nicht mehr Zeit als ohnehin täglich für herkömmliche Spaziergänge veranschlagt werden müsste. Sie nutzen diese Zeit nur ganz konkret und lernzielorientiert. Unregelmäßig und inkonsequent durchgeführte Erziehungsspaziergänge aber bescheren in der Regel einen Hund, der auch nur unregelmäßig und aus menschlicher Sicht sehr inkonsequent folgt.

Wie lange darf der Welpe spazieren gehen?

Eine grobe Richtlinie hierzu lautet: Mit dem acht Wochen alten Welpen sollte man nicht länger als etwa zehn Minuten am Stück spazieren gehen. Mit jedem vollendeten Lebensmonat kann man die Dauer der Spaziergänge um etwa fünf Minuten erhöhen. Je kleinwüchsiger der Welpe, desto eher darf man die Zeitdauer leicht überschreiten. Bei großwüchsigen Hunden hingegen empfiehlt sich eine genaue Einhaltung. Auch wenn diese Zeitangaben auf den ersten Blick sehr gering erscheinen mögen: Eine körperliche Überbelastung in der Wachstumsphase kann äußerst negative Auswirkungen haben und ist daher zu vermeiden. Allerdings dürfen diese Kurz-Spaziergänge durchaus mehrfach am Tag stattfinden, was insbesondere bei temperamentvollen und bewegungsfreudigen Welpen auch eine Notwendigkeit sein kann.

Spaziergänge mit Welpen sollten in ihrer Dauer immer dem Alter angepasst sein.

Info
Der Welpe soll jetzt häufig Auto fahren

Wir empfehlen aus mehreren Gründen, bereits kurz nach der Übernahme mit dem Welpen kleine Autofahrten zu unternehmen, bei denen optimalerweise ein angenehmes Ereignis in Form eines kleinen Spazierganges am Ende der Fahrt steht. Für viele Welpen ist die Abholung vom Züchter die erste Autofahrt ihres Lebens, die zweite dann in der Regel die zum Tierarzt. Beide Situationen sind für eine emotionale Positivbesetzung beim Welpen kaum geeignet, und nicht wenige Hunde entwickeln so eine lebenslange Abneigung gegen das Autofahren, sogar mit Erbrechen, starkem Speicheln u. Ä. Mit kurzen Autofahrten zu entsprechenden Spazierwegen schlägt man nun mehrere Fliegen mit einer Klappe. Da der Welpe so innerhalb sehr kurzer Zeit lernen kann, das Autofahren mit etwas Angenehmem zu verknüpfen, wird er es schnell akzeptieren. Die meisten Hunde werden auf diesem Weg sogar zu passionierten „Autofahrern", die es kaum erwarten können, einzusteigen. Diese Vorgehensweise empfiehlt sich außerdem, da einige Welpen, sich in den ersten Tagen nach ihrer Ankunft weigern, den Wohnbereich zu Fuß zu verlassen. Dies ist zwar eine natürliche Verhaltenweise; auch Welpen im Wolfsrudel verlassen zunächst sehr lange die Aufenthaltsplätze ihres Rudels aus Sicherheitsgründen nicht. Unsere Welpen allerdings müssen bereits früh gemeinsam mit uns den sicheren Raum des Wohnbereiches verlassen, um innerhalb recht kurzer Zeit die Welt, die ihr Leben bestimmen wird, kennenzulernen. Solche Welpen können problemlos zum Auto getragen und so zum Spazierweg gebracht werden. Für die Orientierungserziehung am Menschen außerhalb des Hauses ist es ebenfalls vorteilhaft, mit dem Auto in Gebiete zu fahren, d e dem Hund nicht bekannt sind. Sollte man unter der Woche kein Auto zur Verfügung haben, ist es auf jeden Fall ratsam, das Wochenende zu nutzen, um unbekannte Wege aufzusuchen oder sich die Mühe zu machen, mit öffentlichen Verkehrsmitteln dorthin zu fahren.

Verknüpfungs- und Etablierungsübung

Die stumme Orientierungsübung

Der Welpe ist immer mit einem Auge und einem Ohr bei seinem Menschen und vollzieht jede seiner Richtungsänderungen spontan und ohne Zuruf mit.

So wird's gemacht In den ersten Wochen nach der Übernahme zeigen Welpen, insbesondere in fremder Umgebung, normalerweise eine sehr gut ausgeprägte Bereitschaft zu folgen. Allein zurückzubleiben, würde für sie ja schließlich den sicheren Tod bedeuten, und so ist ein solches Orientierungsverhalten zunächst einmal völlig natürlich. Mit der Zeit entwickelt das heranwachsende Tier jedoch eine größere Selbstständigkeit und fürchtet das Alleinsein immer weniger. Davon zeugt die große Zahl von Hunden, die ihre Besitzer regelmäßig in Wald und Wiese stehen lassen, um sich für eine Weile an interes-

santeren Orten umzusehen oder einer Spur zu folgen. Die stumme Orientierungsübung nun soll dazu dienen, die hohe Lernbereitschaft des Welpen in den ersten Wochen optimal auszunutzen, um eine dauerhafte Folgebereitschaft bei dem Hund zu etablieren. Das Ende der Schleppleine sollten Sie in dieser ersten Phase in der Hand halten. Laufen Sie in einem gleichmäßigen Tempo los, ohne den Hund anzusprechen. Keinesfalls sollten Sie jedes Mal stehen bleiben, wenn auch Ihr Welpe stehen bleibt. Prämisse soll sein: Sie bestimmen das Tempo und die Richtung. Betrachten Sie dabei die schöne Umgebung, den blauen Himmel oder was sonst Ihr Auge fesselt. So transportieren Sie nämlich bereits durch Ihre Körpersprache, dass der Welpe nach Ihnen schauen muss und nicht umgekehrt. Bereits nach einigen Metern sollte das erste Mal abrupt und stumm die Richtung gewechselt werden. Drehen Sie sich einfach um und gehen in die andere Richtung weiter. Gehen Sie dabei nicht zu langsam, damit der Hund nicht die Motivation verliert, Ihnen

Bei der stummen Orientierunsübung sollte die Leine locker in der Hand liegen.

nachzulaufen, sondern laufen in gleichmäßigem Tempo weiter. Nehmen Sie bei Ihrem Richtungswechsel keinen Blickkontakt mit dem Welpen auf, sprechen ihn nicht an und rufen auch nicht seinen Namen. Ziel ist schließlich, dass der junge Hund lernt, völlig selbstverständlich mit seinem Menschen mitzulaufen, ohne Bitten, Rufen oder gar Geschrei. Wir haben die Erfahrung gemacht, dass Hundebesitzer, gerade um zu erreichen, dass ihre Tiere in ihrem Einflussbereich bleiben, viel zu viel mit diesen sprechen und sie geradezu mit Aufforderungen überschütten. Das führt beim Hund jedoch leider sehr schnell zur Ignoranz. Er selber kommuniziert nun einmal nicht mit Worten und orientiert sich daher auch beim Menschen sehr stark an dessen Körpersprache. Ständige verbale Standortmeldungen nehmen dem Welpen die Möglichkeit einer fundamentalen Lernerfahrung: der Notwendigkeit, sich selbstständig an seinem Menschen zu orientieren. Folgt der Welpe Ihnen nach, sollte sich Ihre Körpersprache nicht ändern. Bleiben Sie auch

weiterhin stumm und genießen den schönen Spaziergang. Freuen Sie sich bei jeder Wendung: Ihr Welpe lernt gerade wieder Einprägsames und Fundamentales, dass Ihnen beiden im weiteren Zusammenleben stets von großem Nutzen sein wird. Optimalerweise sollten stumme Orientierungsübungen in jeden Spaziergang integriert werden. Ein großer, aber leider häufiger Fehler ist es, diesen – wie den weiteren Übungen für das Kommen auch – einen speziellen Übungs- oder Trainingscharakter zu verleihen, nach dem Motto „Jetzt machen wir zehn Minuten Richtungswechsel, dann kannst du tun und lassen was du willst". Auch wenn hier des besseren Ver-

ständnisses halber von Übungen die Rede ist, sollten diese den Alltag und Charakter eines jeden Spazierganges bestimmen und nicht
– wie das sonst für Übungen üblich ist – nur in einem streng abge-
zirkelten Zeitrahmen stattfinden! Nur so wird der Welpe gewünschte Lernziele dauerhaft erreichen können und die Orientierung am
Menschen ein selbstverständlicher Bestandteil seines Verhaltens
werden. In den ersten sechs bis acht Wochen nach der Übernahme
sollte mindestens ein Mal täglich, besser jedoch zwei Mal, ein von
der Dauer altersangepasster Spaziergang von etwa 15 bis 20 Minuten
in relativ fremder und ablenkungsfreier Umgebung an der Schleppleine durchgeführt werden. Die Richtungswechsel sollten dabei im
Verlauf eines etwa 15-minütigen Ganges mindestens 10 bis 15 Mal
vorgenommen werden. Bitte verzichten Sie auf zusätzliche Spaziergänge ohne Schleppleine und Erziehungscharakter (außer natürlich
an der kurzen Leine!). Sie wären kontraproduktiv und würden Ihre
sonstigen Bemühungen ad absurdum führen.

Hurra! Wieder etwas
gelernt!

Je nach Übungshäufigkeit und natürlich auch Hundeindividuum
werden Sie nach kurzer Zeit feststellen, dass der Welpe jede Wendung schnell und bereitwillig mitvollzieht. Erst wenn dies in ablenkungsarmer Umgebung mindestens gut bis sehr gut funktioniert,
kann diese Übung unter etwas stärkerer Ablenkung durchgeführt
werden. Diese Ablenkung kann zu Beginn ein Spaziergänger am
Horizont sein oder ein anderer Ablenkungsreiz in der Ferne.
Schließlich sollten Wendungen auch verstärkt dann durchgeführt
werden, wenn der Welpe gerade einmal mit etwas anderem beschäftigt ist, wie beispielsweise einem interessanten Geruch. Bitte achten

Sollte der Welpe einmal zu stark abgelenkt sein, darf keinesfalls an der Leine geruckt werden. Bleiben Sie ruhig stehen ...

Sie darauf, den Schwierigkeitsgrad langsam zu steigern und immer erst dann die nächsthöhere Ablenkung für einen Richtungswechsel zu nutzen, wenn Sie und Ihr Welpe auf der vorherigen Schwierigkeitsstufe schon sehr erfolgreich sind. Sehr anspruchsvoll und erst für Fortgeschrittene empfehlenswert wäre z. B. ein stummer Richtungswechsel beim Auftauchen eines anderen Hundes am Horizont. Insgesamt soll das Ende der Schleppleine bei den Erziehungsspaziergängen so lange in Ihrer Hand bleiben, bis der Hund jede Wendung sofort mitvollzieht, eine starke Orientierung auch ohne Ansprache zeigt und den 10-Meter-Radius der Leine gut einhält. Erst dann können Sie die lange Leine aus der Hand fallen und komplett über den Boden schleifen lassen. Es kann durchaus sein, dass man hier variabel vorgehen kann bzw. muss, da der Welpe sich an bestimmten, ruhigen Plätzen sehr gut konzentriert, an anderen hingegen noch nicht so gut.

Kurz gefasst
Orientierungsübung

Um das Orientierungsverhalten des Welpen an seinen Menschen dauerhaft zu etablieren, sollten auf jedem Spaziergang häufige, stumme Richtungswechsel vorgenommen werden. Dabei empfiehlt es sich, in den ersten Wochen ruhige Plätze aufzusuchen, die dem Welpen nicht oder nur wenig bekannt sind. Erst wenn der Welpe dort eine gute Konzentration auf seinen Menschen zeigt, alle Wendungen schnell und selbstverständlich mitvollzieht, können diese Übungen auch unter leichter bis mittlere Ablenkung durchgeführt werden. Die Zuverlässigkeit der Orientierung auf der jeweiligen Schwierigkeitsstufe bestimmt darüber, wann die Ablenkung gesteigert werden darf.

**Was tun, wenn
der Welpe ans
Ende der Leine
rennt?**

In den ersten Tagen des Übens in stiller Umgebung wird der Welpe bei fleißigem Üben kaum an das Ende der Leine gelangen. Im weiteren Verlauf kann es jedoch durchaus dazu kommen, dass der Hund den Radius überschreitet und die Leine angespannt in der Luft hängt. Ziel jedoch ist es, dass die Schleppleine zwar am Ende in Ihrer Hand liegt, in der Mitte jedoch locker über den Boden schleift und dem Welpen auf diese Weise so wenig wie möglich bewusst wird. Außerdem soll er keinesfalls lernen, dass man an einer Leine ziehen kann und dabei womöglich noch Erfolg hat. So sollten Sie mit der Leine in der Hand, sofern der Welpe stürmisch an das Ende rennt und die Schleppleine sich in der Luft zu spannen beginnt, sofort stehen bleiben und zwar so lange, bis der Welpe die Vergeblichkeit seines Ziehens einsieht und sich die Leine wieder lockert. Erst dann sollte ein Richtungswechsel erfolgen. Die beste Prophylaxe ist allerdings, vorausschauend zu laufen und einen Richtungswechsel immer dann vorzunehmen, wenn der Verdacht besteht, dass der Welpe jetzt gleich an das Ende der Leine laufen und diese sich sogleich anspannen könnte. Dass die Schleppleine nicht angespannt in der Luft hängen darf, ist übrigens eine Grundregel, die für die gesamte Einsatzzeit dieser langen Leine gültig bleibt.

... und laufen erst dann weiter, wenn der Welpe sich deutlich in Ihre Richtung wendet. Gleichzeitig sollte verstärkt ohne Ablenkung geübt werden.

Hilfe, es klappt nicht!

▶ Der Welpe zeigt bereits in den ersten Tagen in fremder Umgebung keinerlei Bereitschaft, seinem Menschen zu folgen und bleibt bei den stummen Orientierungsübungen einfach ohne jede Reaktion zurück. Überprüfen Sie, ob der Welpe evtl. zu müde ist. Keinesfalls direkt nach der Fütterung zum Erziehungsspaziergang aufbrechen! Lassen Sie beim Tierarzt Reflexe und Reaktionen testen! Sofern keine organischen oder körperlichen Ursachen nachweisbar sind, sollte man professionelle Hilfe in Anspruch nehmen.

▶ Der Welpe reagiert unter leichter Ablenkung schlecht: Mehrmals am Tag kleine Spaziergänge in ruhiger Umgebung mit vielen stummen Richtungswechseln. Ganzheitliche Erziehungsprinzipien (S. 184) eingeführt? Werden alle Regeln von allen Bezugspersonen eingehalten? Hat der Welpe genügend Sozialkontakt zu seinen Hauptbezugspersonen? Findet genügend Kommunikationsspiel (S. 200) mit den Hauptbezugspersonen statt?

▶ Der Welpe reagiert unter mittlerer bis starker Ablenkung trotz häufigen und konsequenten Übens schlecht bis gar nicht auf Wendungen seines Menschen: Erneutes Überprüfen der Erziehungssituation im Haus, verstärktes Üben von Richtungswechseln in bislang erfolgversprechenden Situationen, verstärktes Üben und Einfordern von einschränkenden Erziehungsmaßnahmen wie **NEIN**, **AUS**, ganzheitliche Erziehungsprinzipien einführen.

Kontakte an der Schleppleine mit freilaufenden Hunden sind durchaus möglich.

Verknüpfungsübung – Kommen auf Zuruf

Lernziel

Der Welpe lernt die Bedeutung der Worte **KOMM** und **LAUF**.

Die wichtigste Regel

Regel Nummer Eins in diesem wichtigen Kapitel zur **KOMM**-Übung ist, den Welpen in dieser Lernphase nur dann zu rufen, wenn er ohnehin direkt auf Sie zuläuft. Keinesfalls darf das **KOMM** zu Beginn bereits verwendet werden, um zu erreichen, dass der Welpe kommt. Warum aber wäre das so fatal? Das angestrebte Fernziel ist, dass der Hund lernt, zu kommen, wenn er gerufen wird. Ruft man ihn nun, ohne zunächst eine sorgfältige Verknüpfung und schließlich eine ebenso sorgfältige Etablierung des Hörzeichens ermöglicht zu haben, bleibt es dem Zufall überlassen, ob der Welpe kommen wird oder nicht. In einigen Fällen wird er wahrscheinlich auf seinen Menschen zulaufen, weil er gerade nichts Besseres zu tun hat oder weil dieser mit einem Leckerchen winkt. In anderen Fällen hingegen nicht, und diese Fälle wiegen für die gesamte weitere Erziehungsentwicklung des Welpen mehr als schwer. Denn durch diese „Fehlversuche" seines Menschen, lernt der Hund sehr vieles, was später mühselig korrigiert werden muss: Hörzeichen haben keine verbindliche Bedeutung und werden vom Menschen relativ willkürlich gegeben, die Entscheidung zu kommen oder nicht, bleibt dem Hund selbst überlassen. Leider unterschätzen viele Hundefreunde die Fatalität vergeblicher Hörzeichen völlig. Während in der Verknüpfungsphase bei unkontrolliert gegebenen Signalwörtern dem Welpen lediglich die Möglichkeit genommen wird zu lernen, was sich hinter diesen Wörtern verbirgt, ist ein vergeblich gerufenes **KOMM** in der Etablierungsphase deswegen so katastrophal, weil so keine Verbindlichkeit entstehen kann.

Der Welpe läuft von sich aus auf Sie zu. Gehen Sie in die Hocke und rufen so freudig wie möglich.

So wird's gemacht

Verknüpfungs-übungen einbauen

Bauen Sie nun auf jedem Erziehungsspaziergang an der Schleppleine mehrere gezielte Verknüpfungsübungen ein. Dabei gilt es – wie bei den stummen Orientierungsübungen auch – zunächst nur in ablenkungsfreier Umgebung zu trainieren. Beobachten Sie den Hund genau: Es werden sich ständig Situationen ergeben, in denen der Welpe von sich aus auf Sie zuläuft. Gehen Sie dann am besten in die Hocke, rufen aber erst, sobald der Hund deutlichen Blickkontakt aufnimmt und bereits auf dem Weg zu Ihnen ist mit freudiger Stimme. Kommt der Welpe bei Ihnen an, so nehmen Sie ihn am Halsband und geben ihm gleichzeitig ein Leckerchen. Dieser gleichzeitige Griff zum Halsband ist sehr wichtig. Viele Welpen und erwachsene Hunde empfinden diesen Griff als etwas Negatives und versuchen, sich entsprechend zu entziehen. Bekommt der Welpe hingegen seinen Belohnungshappen regelmäßig erst dann, wenn die Hand des Menschen bereits am Halsband ist, so kann er diesen Griff positiv besetzen und wird in Zukunft keine Probleme damit haben. Achten Sie jedoch auf Ihre Körperhaltung: Der Hund sollte zur Hand gehen und nicht umgekehrt. Lassen Sie Ihre Hand mit dem Leckerchen direkt am Körper, ohne den Arm auszustrecken, sodass der Welpe ganz nah herankommen muss, um seine Belohnung abzuholen. So können Sie ihn auch leicht gleichzeitig am Halsband fassen und kurz etwas kraulen, bevor Sie den Welpen mit dem Hörzeichen **LAUF** wieder freigeben, welches er bei dieser Gelegenheit ganz nebenbei noch mit lernen kann.

Die Stimme richtig einsetzen

Das wichtigste Hilfsmittel ist hier übrigens nicht das Leckerchen, (das zwar nicht vergessen werden soll) sondern Ihre Stimme sowie die Verstärkung im richtigen Moment. Konkret heißt das, dass mit der Stimme nicht erst gelobt werden sollte, wenn der Welpe bei Ihnen ankommt. Um das Verhalten des Hundes im richtigen Moment möglichst wirkungsvoll zu unterstützen, soll er bereits dann mit freudiger Stimme „angefeuert" werden, wenn er sich auf dem Weg zu Ihnen befindet. Je mehr von Ihrer Freude und Begeisterung Sie hier auf den Welpen übertragen, desto freudiger wird er auch in Zukunft auf Sie zulaufen. Das begeisterte Loben des Welpen bereits auf dem Weg zu seinem Menschen kann in seiner Wichtigkeit für die spätere zuverlässige Befolgung des Hörzeichens **KOMM** gar nicht genug unterstrichen werden. Welpen und Junghunde reagieren beim Kommen so hervorragend auf positive Stimmungsübertragung ihrer Menschen, dass wir nur jedem empfehlen können, sich hier durchaus etwas zum Clown zu machen, was natürlich nur eine rein menschliche Sichtweise übertrieben emotionalen Verhaltens darstellt. Ihr Welpe hingegen wird es lieben! In den ersten Tagen sollten bei jedem Erziehungsspaziergang mindestens zehn Verknüpfungsübungen für das „Kommen auf Zuruf" stattfinden.

Die Mahlzeiten nutzen

Im Haus können Sie jede Mahlzeit ausnutzen, um die Verknüpfungsübung durchzuführen, wobei der Welpe hier als Belohnung keine Leckerchen, sondern seinen Napf erhält. Achten Sie aber darauf, erst dann zu rufen, wenn der Welpe registriert hat, dass es nun Futter gibt und er auch tatsächlich auf Sie zuläuft. In derselben Art können Sie die Aufbruchssituation zum Spaziergang nutzen.

Lassen Sie den Hund ganz nah zu sich herankommen, um ihn zu belohnen und achten auf eine freudige Körpersprache. Strecken Sie den Arm dabei nicht zu weit nach ihm aus.

Dabei müssen Sie nur rechtzeitig den Beutel mit Leckerchen parat haben. Bemerkt der Welpe, dass Sie sich zum Spaziergang rüsten und läuft auf Sie zu, so rufen Sie ihn mit dem entsprechenden Signalwort und belohnen ihn wie beschrieben. Auf diese Weise können zusätzlich täglich mindestens fünf bis zehn Alltagssituationen genutzt werden, die dem jungen Hund eine Verknüpfung ermöglichen.

Kurz gefasst
Verknüpfungsübung – Kommen auf Zuruf

Nutzen Sie in den ersten Tagen so viele Situationen wie möglich, um den Welpen genau dann mit einen Signalwort für das Kommen zu rufen, wenn er ohnehin auf Sie zuläuft und belohnen ihn anschließend mit einem kleinen Leckerchen. Benutzen Sie das Hörzeichen noch nicht, um zu erreichen, dass der Hund zu Ihnen kommt! Setzen Sie auf die positive Wirkung der Stimmungsübertragung und feuern den Welpen freudig an, während er auf dem Weg zu Ihnen ist.

Etablierungsübung – Kommen auf Zuruf

Lernziel

Der Welpe kommt auf Hörzeichen schnell und unvermittelt zu seinem Menschen.

Schritt-für-Schritt-Anleitung

Schritt 1

Haben Sie drei bis vier Tage fleißig Verknüpfungsübungen zum Kommen durchgeführt, können Sie zur nächsthöheren Schwierigkeitsstufe übergehen. Wiederum sollte je nach Fortschritt mindestens die ersten drei bis vier Wochen in ablenkungsfreier Umgebung, also auf stillen Wald- oder Feldwegen, geübt werden; auch der Beutel mit Leckerchen und die Schleppleine in der Hand sind hier weiterhin obligatorisch. Nutzen Sie zunächst etwa jeden 3. bis 4. Richtungswechsel, um aus der stummen Wendung eine mit Hörzeichen **KOMM** zu machen. Das Hörzeichen sollte dabei nur ein Mal gerufen werden, am besten genau in dem Moment, in dem Sie gerade die Wendung vornehmen. Da Sie sich ja gleichzeitig in die andere Richtung bewegen und der Welpe schon gelernt hat, in diesen Situationen hinter Ihnen herzulaufen, werden Sie so gleich erfolgreich sein. Sobald der Welpe Tempo aufnimmt, um zu Ihnen zu laufen, unterstützen Sie ihn mit freudiger Stimme (denken Sie immer an die positive Stimmungsübertragung!) und gehen dabei in den ersten Tagen in die Hocke, dann ist es für den Welpen in der Regel noch verlockender, zu Ihnen zu laufen. Lassen Sie ihn, wie bei der Verknüpfungsübung auch, ganz nah herankommen, fassen zum Halsband und geben ihm gleichzeitig sein Leckerchen. Halten Sie den Welpen kurz am Halsband fest und entlassen ihn

Nun soll der Welpe innerhalb der Richtungswechsel regelmäßig gerufen und belohnt werden.

dann mit einem freundlichen **LAUF**. Das ausschließliche Rufen im Rahmen von Richtungswechseln sollte etwa eine Woche lange durchgeführt werden.

Die Mischung zwischen stummen Richtungswechseln und solchen mit Hörzeichen **KOMM** sollte etwa bei 3:1 liegen, wobei Sie keinesfalls sklavisch jedes Mal drei stumme Wendungen eine mit Rufen folgen lassen müssen. Seien Sie dabei variabel, machen fünf stumme Wechsel, dann zwei mit Rufen, dann wieder zwei ohne, einen mit usw. Ansonsten wird das ganze vorhersehbar und vor allem langweilig für Hund und Mensch. Auf einem 20-minütigen Spaziergang sollten etwa 15 bis 20 stumme Wendungen durchgeführt werden und ca. fünf bis zehn Wendungen mit Hörzeichen. Bitte beachten Sie, dass wir bei diesen Ungefähr-Angaben natürlich von einer optimalen Konzentrationsfähigkeit ausgehen, die je nach Individuum und Entwicklungsphase völlig unterschiedlich aussehen kann. Bemerken Sie bei Ihrem Welpen schnelle Ermüdungserscheinungen, so lassen Sie den Erziehungsspaziergang etwas kürzer ausfallen und halten die Anzahl der Übungen geringer. Ohnehin ist es sinnvoller, mehrere kleine Einheiten von jeweils etwa 10 bis 15 Minuten über den ganzen Tag zu verteilen. Damit erreicht man eine wesentlich höhere Gesamtzahl an sowohl stummen Wendungen als auch Wendungen plus Rufen, ohne den Welpen zu überfordern.

Kurz gefasst
Etablierungs-übung Schritt 1

In dieser Lernphase sollte der Welpe ausschließlich an der Schleppleine innerhalb von Richtungswechseln ohne Ablenkung durch andere Reize gerufen werden, wobei jedes Kommen durch positive Stimmungsübertragung unterstützt und durch Leckerchen belohnt werden muss. Optimal sind mehrere kleine Erziehungsspaziergänge am Tag.

Info
Wie lange Leckerchen fürs Kommen?

Während der Verknüpfungs- und Etablierungsphase sollte der Welpe für jedes Kommen auf Zuruf mit einem Leckerchen belohnt werden. Der richtige Zeitpunkt, die Belohnungshappen abzubauen, ist dann gekommen, wenn der Hund auch in schwierigeren Situationen zuverlässig auf das erste Hörzeichen reagiert. Mittlerweile weiß man, dass ein einmal erlerntes Verhalten dann am besten aufrecht zu erhalten ist, wenn es eine gelegentliche Verstärkung erfährt. Daher sollten die Leckerchen nie ganz gestrichen werden, da so die Erwartungshaltung des Hundes hoch bleiben wird. In sehr anspruchsvollen Situationen sollte man übrigens auch auf besondere Art belohnen. Empfehlenswert ist hier z. B. ein Jackpot, d. h. eine ganze Hand voll sehr attraktiver Leckerchen oder ein spannendes Futtersuchspiel (S. 206).

Schritt 2

Nun soll der Welpe zusätzlich zum Rufen innerhalb der Richtungswechsel gelegentlich auch ohne Wendung gerufen werden, jedoch noch, ohne dass ihn gerade etwas ablenkt. Zu dieser Übungsetappe können Sie übergehen, wenn Sie mit Schritt 1 über einen Verlauf von mehreren Tagen bei fleißigem Üben erfolgreich waren. Es reicht zunächst völlig aus, dass der Welpe einfach einige Meter vor Ihnen herläuft. Achtung: Bei dieser Übung muss die Schleppleine in Ihrer Hand sein, auch dann, wenn sie bei stummen Richtungswechseln, die der Welpe eifrig mitvollzieht, schon komplett auf dem Boden schleift!

Diesen Schritt sehr sorgfältig vorzunehmen, ist äußerst wichtig. Warum? Viele Welpenbesitzer neigen dazu, ihren Welpen vor allem dann zu rufen, wenn er gerade dadurch abgelenkt ist, dass am Horizont etwas auftaucht: Sei es ein Spaziergänger, ein anderer Hund o. Ä. Sicherlich muss der Hund später häufig gerufen werden, um ihn von irgendetwas abzuhalten. In der momentanen Lernphase jedoch sollte das die absolute Ausnahme darstellen. Denn sonst verknüpft der Welpe innerhalb kürzester Zeit Folgendes: Ruft mein

Nun darf auch unvermittelt ohne Wendung gerufen werden – dies jedoch unbedingt noch ohne Ablenkung.

Mensch ein bestimmtes Wort, so taucht hundertprozentig irgendwo gerade etwas Interessantes auf! Damit wäre genau das Gegenteil vom Gewünschten erreicht. Um den Welpen beim Kommen in seinem Tempo etwas zu unterstützen, sollte man während des Rufens ein paar schnelle Schritte vom Hund weg gehen. Diese Bewegung vom Welpen weg soll außerdem immer dann erfolgen, wenn dieser nicht auf das erste Hörzeichen zu Ihnen läuft oder sich nur sehr langsam und zögerlich in Bewegung setzt. Gerade beim Hörzeichen **KOMM** ist es erforderlich, dass der Welpe lernt, es gleich zu befolgen und nicht erst nach zwei- oder gar dreimaliger Wiederholung. Im späteren Alltag des Tieres muss es in bestimmten Situationen einfach schnell gehen. Sei es, dass der Hund nicht zu einem anderen, womöglich aggressiven Vierbeiner laufen soll, sei es, dass unvermittelt ein landwirtschaftliches Fahrzeug oder eine andere Gefahrenquelle für das Tier auftaucht. Hat ein Hund als Welpe nicht gelernt, dass er auf das erste Hörzeichen **KOMM** reagieren muss, so wird er sowohl sich selbst als auch andere später in Gefahr bringen können. In dieser Lernphase sollten sich stumme Wendungen, Wendungen plus Rufen und unvermitteltes Rufen ohne Wendungen abwechseln. Alle drei Übungen stehen nach wie vor gleichberechtigt nebeneinander und werden am besten ganz unvorhersehbar variiert. Je häufiger und intensiver – natürlich unter Beachtung der Konzentrationsfähigkeit des Welpen – man diese in stiller Umgebung durchführt, desto erfolgreicher wird man insgesamt bei der Erziehung zum zuverlässigen Kommen auf Zuruf sein.

Kurz gefasst
Etablierungsübung – Schritt 2

In dieser Phase wird der Welpe zusätzlich zu den anderen Übungen nun auch ohne Wendung unvermittelt gerufen. Dabei ist darauf zu achten, dass dies in der Regel nicht zu einem Zeitpunkt geschieht, zu dem der Welpe bspw. von einer plötzlich auftauchenden Person o. Ä. abgelenkt ist. Weiterhin sind Leckerchen und freudige, stimmliche Unterstützung beim Herankommen obligatorisch.

Ignoriert der Welpe das Hörzeichen KOMM, sollte man sich ohne weitere Worte von ihm wegbewegen und erst dann erneut rufen, wenn er die „Verfolgung" aufgenommen hat.

Schritt 3

Zu Schritt 3 kann man übergehen, wenn der Welpe in ablenkungsarmer Umgebung folgende Lernziele erreicht hat: Er vollzieht alle stummen Richtungswechsel ohne Zögern mit und bleibt innerhalb des 10-Meter-Radius der Schleppleine. Wird er bei einer Wendung gerufen, so reagiert er augenblicklich und freudig auf das erste Hörzeichen. Beim unvermittelten Rufen ohne Wendung reagiert der Welpe ebenfalls beim ersten Hörzeichen. In der Regel kann man davon bei mehrmaligem täglichem Üben bereits nach wenigen Wochen ausgehen.

Nun gilt es zur Festigung des Gelernten Plätze mit etwas mehr Ablenkung aufzusuchen. Manchmal reicht es dazu völlig aus, zu einer anderen Uhrzeit zum Spaziergang zu starten. Die Ablenkung sollte auch hier nur langsam gesteigert werden. Waren Sie gestern noch im stillen Wald unterwegs und möchten heute zum Erziehungsspaziergang auf die stadtbekannte Hundewiese, wäre der Misserfolg wahrscheinlich vorprogrammiert. Leicht bis mittelstark frequentierte Spazierwege reichen als Steigerung zu diesem Zeitpunkt völlig aus. Aus Sicherheitsgründen bleibt das Ende der Schleppleine zunächst bei allen Übungen in Ihrer Hand. Nach wie vor sollte darauf geachtet werden, den Welpen regelmäßig, auch ohne dass sich etwas für ihn Interessantes am Horizont zeigt, zu rufen. Doch zusätzlich dürfen nun neben dem unmittelbaren Rufen und dem Rufen in Wendungen leichte Verleitungen für den Welpen mit in die Übungen eingebaut werden. So können Sie ihn z. B. gelegentlich rufen, wenn er minimal abgelenkt ist, weil er gerade am Wegesrand schnuppert. Reagiert er auf das Rufen unter leichter Ablenkung nicht, so sollten Sie sich bereits nach dem ersten Hörzeichen mit der Schleppleine in der Hand von ihm wegbewegen, damit er reagieren muss. Da der Welpe zu diesem Zeitpunkt schon gelernt hat, wie wichtig es ist, Ihnen hinterherzulaufen, damit man nicht alleine zurückbleiben muss, wird er mit hoher

Wahrscheinlichkeit schnell auf Ihre Bewegung reagieren. Nur im Notfall sollten Sie mit der Leine sanft nachhelfen und einen leichten Impuls, keinesfalls aber einen Ruck geben. Sobald der Hund Blickkontakt mit Ihnen aufnimmt und den ersten Schritt in Ihre Richtung macht, folgen stimmliches Lob und schließlich Leckerchen. Alle bislang bekannten Übungen sollten nun für mehrere Wochen unter leichter bis mittlerer Ablenkung vorgenommen werden. Nach wie vor gilt bei starker Ablenkung nicht zu rufen, sondern stattdessen die Leine hinter dem Halsband aufzunehmen und die Ablenkung ruhig zu passieren, damit sich weder Misserfolge noch Frustration etablieren. Wie Sie bei starken Ablenkungsreizen vorgehen, erläutern wir im folgenden Abschnitt.

Kurz gefasst
Etablierungsübung – Schritt 3

Alle bislang etablierten Übungen sollen nun in der bekannten Weise unter langsam steigender Ablenkung möglichst mehrmals täglich an wechselnden Orten durchgeführt werden. Dabei muss man die Konzentrationsfähigkeit des Welpen berücksichtigen und darf ihn nicht überstrapazieren. Der richtige Zeitpunkt, um einen Erziehungsspaziergang zu beenden, ist immer, bevor der Welpe deutlichen Überdruss zeigt.

Was tun bei starken Ablenkungsreizen?

Radfahrer, Jogger und andere Ablenkungen

So sehr Sie sich auch bemühen werden in den ersten Wochen für die **KOMM**- und Orientierungsübungen stille Plätze aufzusuchen, so sind Begegnungen mit Außenreizen nicht nur unvermeidlich, sondern in bestimmtem Maße auch erwünscht, denn der Welpe muss nicht nur Kommen lernen. Um zu vermeiden, dass er sich ungefragt Radfahrern, Joggern oder Spaziergängern nähert, ist der Einsatz der Schleppleine ein weiteres Mal ein adäquates Mittel. Die Verfolgung von Radfahrern und Joggern ist bei ausgewachsenen Hunden eine weit verbreitete Unart, deren Anfänge man im Welpenalter, gewusst wie, sehr leicht unterbinden kann. Spazier-

Bei so starken Ablenkungsreizen sollte zu Beginn nicht gerufen werden.

gänger sind für den durchschnittlich gut auf Menschen geprägten Welpen ebenfalls sehr verlockend, doch der Hund muss auch hier lernen, dass nicht jeder Zweibeiner eine ungefragte Annäherung wünscht. Das Lernziel ist hier prinzipiell Folgendes: Die genannten Personengruppen werden als selbstverständlicher Bestandteil der Welt betrachtet, den man weder bedrängen noch fürchten muss. Es gibt verschiedene Möglichkeiten, dem Welpen genau dies beizubringen und man sollte sie, je nach Situation, variabel anwenden.

Schleppleine aufnehmen

Eine Möglichkeit, Außenreize zu passieren, ist, die Schleppleine einen halben Meter hinter dem Halsband aufzunehmen und den Welpen ohne Ankündigung in ruhigem, gleichmäßigem Tempo vorbeizuführen. Nach einigen Metern kann der Welpe mit Hörzeichen **LAUF** wieder freigegeben werden.

Auf die Leine treten

Der einfachste Weg ist, auf die Leine tretend auf den Welpen zuzugehen, und neben dem Hund den Fuß so auf die Leine zu stellen, dass dieser zwar noch bequem stehen, aber keinen Satz mehr in Richtung Reizquelle machen kann. Ruhig und ohne Ansprache gilt es sodann abzuwarten, bis der Spaziergänger o. Ä. vorbeigelaufen ist. Bei beiden Möglichkeiten ist es außerordentlich wichtig, dass man ohne Hektik agiert. Keinesfalls soll die Neugier und Aufmerksamkeit des Welpen dadurch erregt werden, dass der Mensch in Aufregung gerät und nervös zur Leine greift oder darauf tritt. Diese Aktionen sollten in völliger Selbstverständlichkeit und Ruhe vor sich gehen.

Futtersuchspiele initiieren

Eine andere Variante besteht darin, mit dem Welpen am Wegesrand ein kleines Futtersuchspiel zu initiieren, um ihn auf diese Weise abzulenken. Bei Welpen, die schon kurzes **SITZ UND BLEIB**

Gerade „nasenstarke" und verfressene Hunde kann man mit Futtersuchspielen gut ablenken.

beherrschen, kann auch dieses angewandt werden. Insgesamt muss man bei allen sich bietenden Möglichkeiten darauf achten, dass sie zur Situation passen. Nähert sich z. B. ein Traktor und es bleibt kaum Platz am Wegesrand, so ist ein Futtersuchspiel nicht nur unangebracht, sondern auch gefährlich, weil die Leine dabei natürlich nicht verkürzt wird.

Verhalten bei Hundebegegnungen

Eine sehr starke Reizquelle stellen immer andere Hunde dar. Bei angeleinten Hunden sollte man die Schleppleine entweder kurz fassen und ruhig vorbeigehen oder die lange Leine durch Daraufstellen so verkürzen, dass eine Kontaktaufnahme nicht möglich ist. Es hat in der Regel einen guten Grund, wenn Hundebesitzer ihre Vierbeiner anleinen (evtl. ist der angeleinte Hund mit Artgenossen nicht verträglich) und man sollte in jedem Fall rücksichtsvoll damit umgehen. Anders verhält es sich bei unangeleinten Hunden, die sich neugierig nähern. Hier können Sie eigentlich nur beten, dass der dazugehörige Mensch verantwortungsbewusst genug ist, nur einen solchen Hund frei laufen zu lassen, der sich gut mit anderen versteht, was zum Glück meistens der Fall ist. Hier nun sollten Sie die Schleppleine ganz aus der Hand fallen lassen, damit eine „unangespannte" Begegnung möglich ist. Haben Sie bis zu diesem Zeitpunkt bereits fleissig geübt, wird sich das jetzt zum ersten Mal auszahlen. Sicherlich wird Ihr Welpe Interesse an dem fremden Hund zeigen und auch mit ihm spielen wollen, was Sie durchaus zulassen können, sofern jener ein angemessenes Spielverhalten zeigt. Doch sobald die erste Begeisterungswelle etwas abgeebbt ist, wird der Welpe sich wieder an Sie erinnern und Ihnen spätestens dann bereitwillig folgen, wenn Sie weitergehen. Sollte das noch nicht der Fall sein und Sie möchten schließlich Ihren Weg fortsetzen, so nehmen Sie ruhig die Schleppleine auf und führen den Welpen ohne jegliches Rufen mit sich.

Muss der Welpe immer mit Schleppleine laufen?

Zugegeben: Manchmal ist der konsequente Einsatz der Schleppleine auf allen Spaziergängen etwas lästig. Ein inkonsequenter Gebrauch jedoch ist leider fast ebenso sinnlos, als würde man gänzlich auf die lange Leine verzichten. Warum? Der Welpe muss normalerweise auf Spaziergängen vom ersten Tag an bereits häufig „gebremst" werden, denn er darf sich z. B. nicht zu weit entfernen oder gar unvermittelt weglaufen, er muss mögliche Gefahrenquellen meiden und Passanten, die keinen Hundekontakt wünschen, in Ruhe lassen usw. Aber all das hat der Welpe noch gar nicht gelernt! Und so wird es täglich eine Vielzahl von Situationen geben, in denen der Welpe genau das und noch viel mehr tut, was oben aufgezählt wurde. Mit der Schleppleine nun können Sie den Welpen immer unter Kontrolle halten und – was das Wichtigste ist – Sie müssen ihn zunächst gar nicht rufen! Möchte man erreichen, dass das Hörzeichen **KOMM** für den Hund einen verbindlichen Charakter erhält, darf man es – insbesondere während der Verknüpfungs- und Etablierungsphase – nie vergeblich einsetzen. Vergeblich bedeutet ganz schlicht: Mensch ruft, Hund kommt nicht oder kommt nicht gleich: So lernt der Welpe – dazu reichen übrigens schon wenige Male erfolgloses Rufen am Tag völlig aus – innerhalb kürzester Zeit zuverlässig selbst zu entscheiden, ob und wann er kommen will. Dieser Entwicklung gilt es etwas entgegenzusetzen, sofern man sich einen wohlerzogenen Hund wünscht, und dabei hilft die Schleppleine. Leider wird die Wirkung vergeblicher Hörzeichen in der Hundeerziehung immer wieder völlig unterschätzt. Dabei ist es im Grunde wie mit der Kindererziehung: Würde man es den Kindern immer wieder selbst überlassen, ob sie frühmorgens aufstehen und in die Schule gehen möchten, wären alle Schulen innerhalb kürzester Zeit verwaist. Und so treffen alle vernünftigen Eltern diese Entscheidung für ihre Kinder selbst, sogar gelegentlich gegen den kindlichen Willen. Auch bei der Erziehung seines Welpen nun muss man Entscheidungen treffen. Wünscht man sich einen Hund, der zuverlässig kommt, wenn er gerufen wird, so muss man vor allem vermeiden, den Welpen vergeblich zu rufen. Im Alltag ist das ohne ein Hilfsmittel wie die lange Leine jedoch so gut wie unmöglich.

Konsequenter Schleppleinen-einsatz bedeutet noch lange keinen Verzicht auf Hundekontakte.

Sicherheits-hinweise

Dennoch sollten beim Einsatz der Schleppleine auch einige Sicherheitshinweise beachtet werden. Hat man ein temperamentvolles Tier, so kann das Tragen von Fahrradhandschuhen dem Menschen gute Dienste leisten. Des Weiteren muss der Mensch immer in unmittelbarer Nähe des Hundes sein, damit der Welpe nicht unbemerkt irgendwo hängen bleiben kann. Passanten, Radfahrer, Jogger usw. dürfen ebenfalls durch die lange Leine nicht gefährdet werden (siehe auch S. 132: Was tun bei starken Ablenkungsreizen). Spielen gleichaltrige Welpen miteinander, kann es zum „Rollbraten" kommen. Daher sollte in diesem Fall die Schleppleine gelöst werden, wobei jedoch dringend darauf zu achten ist, dass der Welpe nicht gerufen, sondern in einer Spielpause wortlos und unspektakulär wieder angeleint wird, bevor jeder wieder seiner eigenen Wege geht. Das sollte jedoch nur dann passieren, wenn dies gefahrlos möglich ist, also nicht in der Nähe von Straßen oder in generell zu ablenkungsreicher Umgebung. Beim kontrollierten Spiel mit einem erwachsenen Hund hingegen ist es in der Regel möglich, die Schleppleine am Welpen zu lassen, sofern das Spiel nicht zu wild ausfällt. Übrigens: Bitte beachten Sie, dass alle Hinweise, die sich auf den Einsatz der Schleppleine beziehen, Spaziergänge in Wald, Feld und Wiese betreffen. In der Stadt, auf der Straße oder belebten Wegen usw. ist die Schleppleine natürlich nicht geeignet, hier muss der Welpe an der kurzen Leine geführt werden!

Info
Was gilt, wenn der Welpe im Garten ist?

Prinzipiell sollte der Welpe sich gar nicht unbeobachtet im Garten aufhalten. Sie können ihn sonst weder kontrollieren noch regulierend eingreifen, sollten ihm dort Dummheiten einfallen. Sehr viele später unangenehme und unerwünschte Verhaltensweisen etablieren sich dadurch, dass Hunde regelmäßig unbeobachtet Zeit im Garten verbringen. Ist der Welpe gemeinsam mit Ihnen im Garten, können Sie ihm die Schleppleine auch dort gefahrlos anlegen, damit er nicht vergeblich gerufen werden muss. Möchten Sie im Garten auf die lange Leine verzichten, darf der Welpe dort so lange nicht gerufen werden, bis man sich sicher ist, dass er auch kommt.

Kontakte an kurzer, straffer Führleine machen das Leinenziehen „zur Lust" und sind daher zu vermeiden.

Aufhebung des Hörzeichens KOMM

Lernziel Der Welpe lernt per Blickkontakt zu „fragen", ob er wieder weglaufen darf und wartet dabei auf das Hörzeichen **LAUF**.

So wird's gemacht Innerhalb der **KOMM**-Übung ein Hörzeichen zu etablieren, welches dem Welpen erlaubt wieder weiterzulaufen, ist von großem Nutzen, denn häufig wird er im späteren Alltag nicht nur kommen, sondern auch für einen Augenblick bleiben müssen, um sich und andere nicht zu gefährden. Da der Mensch nun einmal einen besseren Überblick über gewisse Situationen hat als der Hund, muss auch er

Hier wird das Hörzeichen LAUF erst im Moment des Blickkontaktes gegeben.

es sein, der entscheidet, wann der richtige Augenblick gekommen ist. Diese Übung sollte übrigens von Anfang an in die **KOMM**-Übung integriert werden. Da ohnehin schon seit der Verknüpfungsphase Wert darauf gelegt wird, den Hund gleichzeitig zur Gabe von Leckerchen kurz am Halsband festzuhalten, ist der Grundstein bereits gelegt. Nun möchten wir dieser Übung jedoch noch einen Schwierigkeitsgrad hinzufügen. Der Welpe soll – bevor Hörzeichen **LAUF** erfolgt und er wieder starten darf – Blickkontakt zu Ihnen aufgenommen haben. Das **LAUF** erhält er dann als Belohnung für seine Aufmerksamkeit genau in dem Moment des Augenkontaktes. Wozu das Ganze? Erfolgt das **LAUF** konsequent im Moment des Blickkontaktes, so wird dieser zum einen positiv besetzt, weil die Belohnung auf dem Fuße folgt. Zum anderen ist dies eine hervorragende Konzentrations- und Selbstbeherrschungsübung für den Welpen. Der praktische Nutzen im Alltag ist zudem immens: Bei regelmäßiger Einforderung des Augenkontaktes durch den Menschen vor dem **LAUF** wird der Hund lernen, nach dem Kommen zuverlässig von sich aus Blickkontakt aufzunehmen und zu „fragen", ob er wieder los darf, anstatt einfach loszustürzen. Dabei reicht es zu Beginn völlig aus, dass der Welpe Sie ein bis zwei Sekunden – während natürlich Ihre Hand noch am Halsband ist – anblickt. Da er wieder loslaufen möchte, wird er Sie ganz automatisch anschauen, wenn Sie ihn, nachdem er sein Leckerchen erhalten hat, noch einen Moment wortlos festhalten und nicht sofort mit **LAUF** freigeben. Da in der ersten Zeit sowieso in ruhiger Umgebung geübt wird, ist nicht zu erwarten, dass der Welpe durch andere Reize so stark abgelenkt ist, dass er keinen Blickkontakt aufnimmt. Bei entsprechender Konsequenz werden Sie feststellen, dass der Hund nach recht kurzer Zeit von sich aus Augenkontakt aufnehmen und gespannt auf das **LAUF** warten wird. Sobald die ersten Erfolge hier deutlich

sichtbar sind, sollten Sie den Moment des Freigabezeichens um weitere Sekunden hinauszögern und dies im weiteren Entwicklungsverlauf des Hundes immer mehr steigern. Es ist dabei darauf zu achten, dass das Hörzeichen **LAUF** nur dann gegeben wird, wenn der Hund Sie tatsächlich anschaut, auch wenn er den Augenkontakt zwischenzeitlich evtl. kurz abgebrochen hat. Wichtig ist ebenso, dass der Blickkontakt hier nicht verbal vom Menschen eingefordert oder gar erbettelt wird.

Agieren Sie souverän und ohne Worte. Da Sie den Welpen am Halsband halten, sitzen Sie ohnehin am längeren Hebel. Aus Sicherheitsgründen sollte der Hund übrigens vor dem **LAUF** auch die fol-

Kurz gefasst
Hörzeichen KOMM aufheben

Das Aufheben des Hörzeichens **KOMM** mit dem Freigabezeichen **LAUF** sollte im Moment des direkten Blickkontaktes mit dem Hund erfolgen. Das fördert die Konzentrationsfähigkeit des Tieres sowie seine Selbstbeherrschung und ist zudem von großem praktischen Nutzen im Alltag.

genden Monate immer noch zusätzlich am Halsband festgehalten werden. Zuverlässiges „Fragen" des Hundes ist nur dann zu erreichen, wenn dies weiterhin unter langsam steigender Ablenkung in allen erdenklichen Situationen konsequent eingefordert wird. Sobald Sie bemerken, dass Ihre Hand am Halsband eigentlich überflüssig ist, weil der Hund gar nicht mehr von Ihnen wegstrebt und mit gespannter Aufmerksamkeit zuverlässig auf das Freigabewort wartet, sind Sie auf dem richtigen Weg.

Schritt 4 – Kommen für Fortgeschrittene I

Als fortgeschritten dürfen Sie sich betrachten, wenn

- der Hund in leichter, mittlerer und auch schon etwas stärkerer Ablenkung eine gute bis sehr gute Orientierung zeigt, sodass er eigentlich recht selten gerufen werden muss, weil er ohnehin bereitwillig mit Ihnen mitläuft.
- der Hund recht zuverlässig einen Radius von etwa zehn Metern einhält.
- die Schleppleine mindestens bis zur mittleren Ablenkung schon komplett am Boden schleifen kann und nur noch bei starker Ablenkung aufgenommen werden muss.
- der Hund auch in mittlerer Ablenkung sehr gut darauf reagiert, wenn Sie sich von ihm wegbewegen und Ihnen dabei unvermittelt folgt.
- der Hund auch bei mittlerer Ablenkung auf das erste Hörzeichen **KOMM** freudig und schnell zu Ihnen läuft.

Ein wichtiger Schritt: Der Welpe folgt in der stummen Wendung auch dann, wenn er leicht abgelenkt ist.

Zusätzlich zu den bekannten Übungen, die nicht vernachlässigt werden sollten, können Sie nun dazu übergehen, den Welpen auch in schwierigen Situationen zu rufen, wie z. B. beim Auftauchen eines fremden (angeleinten!) Hundes in einiger Entfernung, beim Buddeln in einem Mäuseloch, beim intensiven Beschnuppern einer Spur o. Ä. Doch Achtung: Bevor Sie rufen, müssen Sie sicherheitshalber die Schleppleine am Ende aufgenommen haben. Sollte der Hund nun nämlich das erste Hörzeichen „überhören", können Sie sich mit der Leine in der Hand von ihm wegbewegen, was ihn schnell überzeugen dürfte, zu kommen. Doch auch wenn evtl. etwas Nachhilfe nötig ist, dürfen positive Stimmungsübertragung und Belohnung dennoch nicht ausbleiben. Stellen Sie fest, dass es

Übungsplan zum Kommen auf Zuruf

Schritte	Wie wird's gemacht?	Wo?
Schritt 1	Schleppleine verwenden. Alle paar Dutzend Meter stumm die Richtung wechseln bzw. abbiegen, Welpen nicht aufmerksam machen, nicht rufen, nicht auf ihn warten.	Bei jedem Spaziergang. Unbekannte Umgebung ohne bzw. mit wenig Ablenkung aufsuchen.
Schritt 2	Hörzeichen für **KOMM** einführen. Wenn der Welpe auf Sie zuläuft (nicht vorher!), Hörzeichen rufen, sofort loben (positive Stimmungsübertragung nicht vergessen) und Hörzeichen mit Futter bestätigen.	Bei jedem Spaziergang, ohne Ablenkung.
Schritt 3	Kommen verbal einfordern. Welpe läuft voraus und wird einmalig gerufen. Sobald er sich in Bewegung setzt, sofort überschwänglich loben! Mit Leckerchen bestätigen.	Bei jedem Spaziergang, ohne Ablenkung.
Schritt 4	Kommen langsam unter steigender Ablenkung einmalig einfordern. Ablenkung beim Rufen langsam (!!!) und regelmäßig steigern. Sind alle vorherigen Lernziele erfolgreich erreicht, kann die Schleppleine immer häufiger – ohne in der Hand gehalten zu werden – auf dem Boden schleifen. Kommen weiterhin mit Leckerchen bestätigen.	Bei jedem Spaziergang.
Schritt 5	Die komplette Pubertät hindurch regelmäßige, tägliche Wiederholungen aller Schritte auf allen Schwierigkeitsstufen (stumme Richtungswechsel nicht vergessen)! Bei gutem Erfolg kann die Schleppleine nun schrittweise verkürzt, d. h. meterweise abgeschnitten werden.	Bei jedem Spaziergang.

zu häufig der beschriebenen Nachhilfe bedarf, müssen Sie einen Schritt zurückgehen und wieder verstärkt unter geringerer Ablenkung üben. Bleiben Sie nun auch weiterhin konsequent und täglich am Ball, so wird sich die Bereitschaft des Welpen zu kommen immer weiter verbessern. Wie viel und wie lange auch weiterhin mit dem Hund geübt werden muss, hängt von vielen Faktoren ab. Gradmesser sollte aber immer Ihre eigene Zufriedenheit sein. Sind Sie mit dem Erziehungsstand des Hundes einverstanden, so genügen ein paar Mal die Woche regelmäßige, aber variable Wiederholungen sowohl der **KOMM**- als auch der Orientierungsübungen. Gibt es Ihrer Ansicht nach allerdings noch Verbesserungsbedarf, so ist natürlich ein Einstellen oder Vernachlässigen der Erziehungs-

Wie oft/Wie lange üben?	Hilfe, es klappt nicht!	Lernziel
Täglich mehrmals, je nach Konzentrationsfähigkeit 10 bis 20 Minuten.	Überprüfen, ob der Welpe bereits zu oft erfolglos gerufen wird. Spätestens jetzt Schleppleine verwenden!	Welpe lernt, sich selbständig und ohne verbale Aufforderung an seinem Menschen zu orientieren. Welpe lernt, innerhalb eines klar umrissenen Radius' seines Menschen zu bleiben.
Täglich mehrmals. Mindestens 10 bis 20 Mal auf jedem Spaziergang.	Wenn der Welpe nicht reagiert, umdrehen und weggehen, zusätzlich Übung aus Schritt 1 intensivieren.	Welpe verknüpft, Hörzeichen **KOMM** damit, zu seinem Menschen zu laufen. Welpe lernt, dass Kommen immer positiv ist.
Täglich mehrmals. Mindestens 10 Mal auf jedem Spaziergang.	Überprüfen, ob der Welpe das Hörzeichen ausreichend verknüpft hat. Evtl. zurück zu Schritt 1 und 2. Umdrehen und weggehen, sobald Welpe folgt, sofort loben und mit Leckerchen bestätigen. Schleppleine verwenden.	Welpe kommt ohne Ablenkung, wenn er gerufen wird. Der Welpe lernt **nicht**, das man Hörzeichen **KOMM** auch ignorieren kann.
Täglich mehrmals. Mindestens 10 Mal auf jedem Spaziergang.	Mit Schleppleine in der Hand vom Hund weggehen. Schritte 1 bis 3 intensiver üben, erfolgloses Rufen ohne Schleppleine vermeiden, dringend alle Punkte der ganzheitlichen Hundeerziehung beachten. Das Kommen immer mal mit Jackpot, mit kommunikativem Spiel oder Futtersuchspiel belohnen, insbesondere in schwierigeren Situationen.	Der Hund lernt, auch in für ihn schwierigen Situationen zu kommen. (Im Alter von etwa 6 Monaten sollte sich der Hund sowohl von Wild als auch aus dem Spiel mit anderen Hunden abrufen lassen.)
äglich mehrmals.	Siehe Schritt 4.	Der Hund lernt, dass auch in der wichtigen Phase der Pubertät alle bislang etablierten Regeln gelten.

spaziergänge kontraproduktiv. Lassen Sie sich möglichst nicht dazu verleiten, zu früh ohne Schleppleine spazieren zu gehen oder gar zu üben. Der richtige Zeitpunkt, die lange Leine wegzulassen, ist dann gekommen, wenn Sie mit dem Kommen Ihres Hundes auch in schwierigen Situationen prinzipiell zufrieden sind. Bitte beachten Sie dabei, dass mit der Pubertät eine Bewährungszeit ins Haus steht, in der Inkonsequenz vergangener und gegenwärtiger Tage in hohem Maße quittiert werden. Daher ist es in der Regel sinnvoll, erst gegen Ende der Pubertät ganz auf die Schleppleine zu verzichten. Es empfiehlt sich jedoch, die Schleppleine nicht übergangslos von einem auf den anderen Tag einfach wegzulassen. Sinnvoller ist eine schrittweise Verkürzung, bei der meterweise ein Stück Leine abgeschnitten werden kann.

Nicht verschwiegen werden soll an dieser Stelle, dass man ein hohes bis sehr hohes Niveau bei einem durchschnittlich selbstbewussten Tier nur dann erreichen wird, wenn man die Erziehung des Welpen als ganzheitliche Angelegenheit betrachtet und alle Erziehungsregeln des täglichen Umgangs im Haus, auch das Setzen von Tabus, beherzigt. Es ist unmöglich, einem so intelligenten Wesen wie dem Hund abzuverlangen, dass er kommen soll, wenn er gerufen wird, und ihm gleichzeitig nicht mehr an Idolfunktion zu bieten hat als das isolierte Einüben einer bestimmten Übung. Der Übergang zum Fortgeschrittenniveau und die weiteren Erfolge auf dem Weg zum zuverlässigen Kommen auf Zuruf stellen einen erzieherischen Scheideweg dar. Unserer Erfahrung nach sind die meisten Welpenbesitzer bis zu diesem Punkt recht erfolgreich. Doch dann folgt oft eine erzieherische Durststrecke, die vor allem von denjenigen überwunden wird, die nun verstärkt auf eine ganzheitliche Erziehung (S. 184) setzen.

Kommen für Fortgeschrittene II – RAUS DA!

Es empfiehlt sich, den Welpen frühzeitig daran zu hindern, beim Spaziergang den Weg zu verlassen. Sobald der Hund durch die stummen Richtungswechsel gut darauf reagiert, dass man sich von ihm wegbewegt, und den Radius der Schleppleine ohne Ablenkung befriedigend einhält, sollten Sie sofort einwirken, wenn er dazu ansetzt, den Spazierweg in Richtung Unterholz o. Ä. zu verlassen. Denken Sie daran, dass Sie damit dann am erfolgreichsten sein werden, wenn der Welpe bereits im Ansatz seines Tuns korrigiert wird. Sobald er also gerade im Begriff ist, den Weg zu verlassen, machen Sie einen Richtungswechsel und rufen gleichzeitig **RAUS DA** Folgt der Welpe, lassen Sie ein kleines Leckerchen auf den Weg kullern, um ihn für seine Bereitschaft, dem Hörzeichen Folge zu leisten, zu belohnen. Das Hörzeichen **RAUS DA** sollte in diesen und ähnlichen Situationen immer Verwendung finden. So vermeidet man unerwünschte Kontakte mit Wild, die den Hund evtl. auf den Geschmack bringen könnten, und sorgt dafür, dass die tierischen Waldbewohner nicht gestört und verängstigt werden.

Sobald der Hund ansatzweise den Weg verlässt, sollten Sie tätig werden und anschließend ein Futtersuchspiel auf dem Weg initiieren.

KOMM-Übungen mit Spielcharakter

Versteckspiel

Innerhalb der täglichen Erziehungsspaziergänge kann und sollte man regelmäßig spielerische **KOMM**-Übungen für den Welpen einbauen, denn diese wirken bindungsstärkend und konzentrationsfördernd. Das Versteckspiel ist eine dieser Möglichkeiten. Sie werden

bei entsprechendem Fleiß sehr schnell in der Lage sein, bei den Orientierungsübungen die Schleppleine zumindest in ruhiger Umgebung regelmäßig aus der Hand fallen zu lassen. Sollte der Welpe nun bei einer solchen Gelegenheit z. B. von einem Geruch am Wegesrand in Anspruch genommen werden und unaufmerksam sein, so entfernen Sie sich lautlos und ohne Rufen und verstecken sich hinter dem nächsten Baum, Busch oder Holzstoß. Dabei muss man jedoch mit einem Auge immer bei dem Hund bleiben, damit beobachtet werden kann, wie dieser auf das plötzliche Alleinsein reagiert. In der Regel beginnen Welpen, die sich in fremder Umgebung plötzlich alleine wähnen, recht schnell ihre Besitzer zu vermissen, laufen unruhig auf und ab, setzen sich ratlos auf den Weg, fiepen usw. Das ist nicht nur völlig normal, sondern in dieser Situation auch wünschenswert, denn der Welpe soll ganz unmittelbar mit den Folgen seiner Unaufmerksamkeit konfrontiert werden, um einen höchstmöglichen erzieherischen Nutzen daraus zu ziehen. So darf man den jungen Hund ruhig ein kleines Weilchen sich selbst und seiner Lage überlassen, bis man sich schließlich zu erkennen gibt und den Welpen natürlich freudigst begrüßt.

Achtung! Sehr selten kommt es vor, dass Welpen hier völlig überreagieren und kopflos in Richtung Auto oder Heimat stürzen. Bemerkt man ein solch panisches Verhalten, muss man seinen Beobachtungsposten natürlich sofort aufgeben und das Tier auf sich aufmerksam machen.

Zeigt der Welpe hingegen minutenlang keinerlei Reaktion oder Suchbereitschaft und scheint ihn die menschliche Abwesenheit so gar nicht zu irritieren, ist dies übrigens ein gewichtiges erzieherisches Alarmzeichen, dessen Ursachen man mit professioneller Hilfe auf den Grund gehen sollte.

Insgesamt sind Versteckspiele für den Welpen jedoch eine höchst lehrreiche Angelegenheit, die der Mensch möglichst mehrmals die

Ein Welpe, der rasch beginnt seinen Besitzer zu suchen, verfügt schon über eine gute Bindung.

Woche nutzen sollte. Bereits nach wenigen Versuchen werden Sie feststellen, dass es immer schwieriger wird, sich zu verstecken. Dann sind Sie auf einem guten Weg, denn Ihr Welpe hat bereits gelernt, dass Sie bei Unaufmerksamkeiten nicht auf ihn einreden oder darum betteln weiterzugehen. Im Gegenteil – er wird gefordert, nach Ihnen zu suchen. Je früher Sie Versteckspiele in die täglichen Erziehungsspaziergänge einbauen, desto effektiver werden diese übrigens sein.

Weglaufen ohne Verstecken und Rufen

Eine weitere Möglichkeit, das Herankommen beim Welpen spielerisch zu fördern, ist das schnelle Weglaufen vom Welpen ohne Verstecken und ohne Rufen. Auch dazu muss die Schleppleine, wie zuvor beschrieben, komplett am Boden liegen und darf nicht in der Hand gehalten werden. Voraussetzung für diese Übung ist, dass der Welpe die stummen Orientierungsübungen an der langen Leine in ruhiger Umgebung bereits gut mitvollzieht. Wiederum empfiehlt sich auch hier, in den ersten Wochen ohne Ablenkung zu üben. Legen Sie urplötzlich und wortlos für einige Meter ein schnelles Tempo vor. Dabei sollte der Hund nicht gerufen werden, damit er immer zuverlässiger lernt, auch ohne Worte aufmerksam auf den Menschen zu achten. Sobald Sie feststellen, dass der Welpe hinter ihnen herflitzt, können Sie Ihr Tempo wieder normalisieren. Diese Übung kann bei jedem Erziehungsspaziergang einige Male durchgeführt werden. Den meisten Welpen macht diese Übung sehr viel Spaß, was daran liegt, dass schnelle Bewegungen auf Hunde generell recht ansteckend wirken. Auf diesem Prinzip baut auch die nächste Variante auf, die Sie durchführen können, wenn Sie zu zweit unterwegs sind. Optimalerweise handelt es sich bei der zweiten Person nicht um eine enge Bezugsperson des Welpen. Dieser sollte nun von der Begleitperson festgehalten werden, während Sie sich in schnellem Tempo und mit großem Hallo vom Hund wegbewegen. Halten Sie dabei das Lieblingsspielzeug des Welpen gut sichtbar in der Hand und machen ihn freudig auf es aufmerksam. Sobald Sie feststellen, dass der Welpe es kaum noch abwarten kann, zu Ihnen zu laufen, geben Sie dem „Halter" ein kurzes Zeichen und der Hund darf starten. Bei Ihnen angekommen, sollte ein kurzes, aber intensives Spiel stattfinden.

Beim Versteckspiel werden alle Sinne des Welpen gefördert.

Typische Fehler beim Kommen

Vergebliches Rufen

Der Welpe lernt, dass Hörzeichen keinen verbindlichen Charakter haben und der Mensch in gewissen Situationen keinen Einfluss auf ihn ausüben kann.

Mehrmaliges Rufen

Der Welpe lernt, dass er selber die Entscheidung treffen kann, zu welchem Zeitpunkt er kommen möchte und gefährdet so sich und andere.

Verspätetes Lob, verspätete Gabe von Leckerchen

Der Welpe lernt nicht, dass die Belohnung etwas mit dem Verhalten zu tun hat, welches er gerade gezeigt hat.

Unregelmäßige Gabe von Leckerchen

Bekommt der Welpe in der Verknüpfungs- und Etablierungsphase nur unregelmäßig ein Belohnungshäppchen, so kann seine Motivation zu kommen, sehr gering bleiben.

Inkonsequenter Schleppleineneinsatz

Der Welpe kann zu oft Hörzeichen „überhören" und lernt so systematisch, nicht zu kommen. Gleichzeitig können sich unerwünschte Verhaltensweisen, wie Jogger oder Radfahrer jagen, Passanten anspringen usw. etablieren.

Die Schleppleine wird zu früh in der Entwicklung des Hundes abgesetzt

Besonders fatal bei vielen Jagdhundrassen, die als Familienhunde gehalten werden, aber auch bei anderen Rassewelpen und Mixen, da sich das Jagdverhalten in der Regel erst in der Junghundphase und nicht schon in der Welpenphase entwickelt. Zeigen die jungen Hunde dann erste Anzeichen, die noch recht problemlos bekämpft werden könnten, hat der Mensch ohne Schleppleine keine Möglichkeit mehr, rechtzeitig einzugreifen.

Strafe bei verspätetem bzw. nicht erfolgtem Herankommen

Immer wieder bestrafen Besitzer bereits ihre Welpen für verspätetes Herankommen. In dieser Situation aber verknüpft der Hund: „Ich bin gekommen und das gab Ärger" und nicht „Ich bin zu spät gekommen, deswegen gab es Ärger". Auch ist uns kein Hund bekannt, der das Kommen dadurch gelernt hat, dass er fürs Nicht-Kommen bestraft wurde. Die Folge von Strafe an dieser Stelle besteht lediglich in einer deutlichen Verunsicherung des Hundes, die oft als schlechtes Gewissen fehl interpretiert wird, und in einem generellen Vertrauensverlust.

Völlige Bewegungsfreiheit im Garten

Halten sich Welpen häufig allein im Garten auf, ohne dass ihr Verhalten kontrolliert und korrigiert wird, entwickeln sie oft ein unerwünscht hohes Maß an Selbstständigkeit und Ignoranz, was die Erfolge innerhalb der **KOMM**-Übung stark gefährden kann.

Isoliertes Durchführen der Übungen bei sonstiger Laisser-faire-Erziehung

Ganzheitliche Erziehung ist keine Übung, sondern eine Haltung, die man dem Hund den ganzen Tag über vermitteln muss. Das bloße „Abspulen" einzelner Übungen führt nicht zum Erfolg. Die meisten Hunde müssen, um zuverlässig zu reagieren, erzieherisch insgesamt gefordert werden.

Spaziergänge werden nicht als Erziehungs-spaziergänge wahrgenommen	In der Welpenphase muss jeder Spaziergang (mindestens aber ein Mal täglich) den Charakter eines Erziehungsspazierganges haben, auf dem sowohl Orientierungsübungen als auch **KOMM**-Übungen eingebaut werden.
Unterschiedliche Idolfunktion	Jedes Familienmitglied hat seine eigenen Regeln, bei einer solchen Konstellation wird der Hund mit hoher Wahrscheinlichkeit diejenigen für gültig halten, die für ihn am bequemsten, aber nicht am besten sind.
Zu viele Bezugs-personen	Welpen, die mit einem zu großen und womöglich noch inkonstanten Kreis an Bezugpersonen konfrontiert sind, lernen selten zuverlässig zu folgen, da sie zu viele unterschiedliche Signale erhalten und keine Gelegenheit bekommen, verbindliche Bindungen aufzubauen.
Futter zur freien Verfügung	Hunde, die zu Hause ständig einen gefüllten Futternapf vorfinden, haben wenig Veranlassung, sich draußen für ein Leckerchen anzustrengen. Daher fällt sowohl die Verknüpfung als auch die Etablierung des Hörzeichens **KOMM** schwer.
Keine variable Form der Beloh-nung	In der weiteren Entwicklung des jungen Hundes sollten – je nach Temperament und Präferenz – neben den Leckerchen gerade für schwierige Situationen weitere Stimuli eingesetzt werden: Jackpot, kommunikatives Spiel, Futtersuchspiele etc.

Nicht alle Formen der Freude über das Kommen sind produktiv. Hochspringen sollte nie durch Kontakt belohnt werden. Und eine so enge Umarmung wird von vielen Hunden keineswegs als Belohnung empfunden.

Antijagdtraining für Welpen

Auch wenn dieses Thema in der Regel erst in der Junghundphase relevant wird, möchten wir Ihnen dieses Kapitel ganz besonders ans Herz legen. Da wir in unserer Hundeschule mit allen Welpen an der Schleppleine arbeiten, haben zumindest die mittelfleißigen bis eifrigen Besitzer sehr schnelle Anfangserfolge. Das ist natürlich höchst erfreulich und auch Sinn der Sache, führt jedoch immer wieder zu folgendem Problem: In der Begeisterung darüber, dass der Welpe schon so große Fortschritte macht, werden Warnungen in puncto vorzeitiger Schleppleinenabbau sowie konsequentes Abbrechen erster Ansätze von Jagdverhalten auf die leichte Schulter genommen. Doch leider führt ein zu frühes „Sich-auf-der-sicheren-Seite-Wähnen" sehr häufig dazu, dass Hunde, die bis dato so leicht führig schienen, von einem auf den anderen Tag jagen gehen

Dies zu unterbinden ist in der Regel noch sehr leicht ...

und unkontrollierbar werden. Dem aber kann und sollte man aktiv entgegensteuern, und zwar nicht nur bei den in den letzten Jahren als Familienhunde immer beliebter werdenden Jagdhundrassen. Zunächst einmal müssen bereits erste Ansätze erkannt werden und eine Reaktion des Menschen nach sich ziehen. Die meisten jagdlich motivierten Hunde zeigen erste entsprechende Verhaltensweisen im Alter von sechs bis neun Monaten, gelegentlich aber auch schon früher. Es beginnt in der Regel ganz harmlos mit der Verfolgung von Schmetterlingen, fallenden Blättern im Herbst und Vögeln. Hinter dieser vermeintlichen Harmlosigkeit jedoch verstecken sich die schon erwähnten, ersten Ansätze, die noch recht einfach unterbunden werden könnten. Schon an dieser Stelle aber schlagen viele Hundefreunde unbewusst genau den falschen Weg ein: Man findet es putzig, wie der junge Hund sich vergeblich abmüht, Vögel zu jagen, nach Schmetterlingen schnappt usw., und transportiert diese freudig-lustige Stimmung dabei häufig auch noch durch Lachen oder ähnliche menschliche Lautäußerungen direkt auf den Hund. Zum Thema Jagen ist es wichtig, eines ganz genau zu wissen: Der Hund empfindet hier die Verfolgung als solche schon als außerordentlich lustvoll und nicht erst den Erfolg, sprich den getöteten Hasen. Dieser steht lediglich ganz am Ende einer langen Verhaltenskette. Einmal etabliertes Jagdverhalten zuverlässig in den Griff zu bekommen, ist äußerst schwierig und langwierig, oft genug sogar ohne verbotene Starkzwangmittel gänzlich unmöglich. Deshalb noch einmal unser Appell: Nehmen Sie die „ersten Schwalben" im Interesse Ihres Hundes ernst, um ihn später nicht mit lebenslanger Leinen-Haft „belohnen" zu müssen.

Konkret heißt dass, das diese „spielerischen" Ansätze sofort mit einem energischen **NEIN** abgebrochen werden müssen. Nicht nur aus diesem Grund ist es natürlich notwendig, dieses Hörzeichen rechtzeitig zu etablieren! Gleichzeitig sollten Sie schnell und in unmittelbarer Nähe des Hundes auf die Schleppleine treten, denn so ist gewährleistet, dass der Hund das Verhalten abbrechen muss, auch wenn er das erste **NEIN** ignoriert. Besonders wichtig in dieser Phase sind Beobachtungsgabe und Schnelligkeit. Warten Sie nicht minutenlang ab, sondern reagieren sofort, wenn der Hund beginnt, sich entsprechend zu verhalten oder noch besser, wenn er das Objekt der Begierde gerade erst entdeckt!

Nach dem Verhaltensabbruch sollte – wiederum sofort – eine Alternative angeboten werden. Machen Sie den Hund mit einem freudigen **GUCK MAL** o. Ä. auf sich aufmerksam. Je nachdem, womit der Hund sich am besten motivieren lässt, sollte es bei sehr verfressenen Kandidaten einen Jackpot besonders attraktiver Leckerchen geben, bei nasenorientierten Vierbeinern kann ein Futtersuchspiel initiiert werden und bei Hunden, die sehr gut auf ein bestimmtes Spielzeug reagieren, empfiehlt sich ein bewegungsaktives Kommunikationsspiel (S. 202). Selbstverständlich können diese Möglichkeiten variiert werden, vor allem, wenn ein Hund auf alle beschriebenen Möglichkeiten gut reagiert. Achten Sie in jedem Fall darauf, genügend Aktion mit ins Spiel zu bringen. Die Attraktivität der beim Menschen nun stattfindenden Interaktion muss höher sein als die des Objektes, welches das Tier verfolgen wollte.

Begegnungen mit wehrhaftem Federvieh können zwar durchaus heilsam sein, bergen aber auch Gefahren.

Tipp
Kleintiere im Haus

Sofern Sie Kleintiere im Haus haben, die in Käfigen oder Gehegen leben, sollte darauf geachtet werden, dass der Hund keinen unkontrollierten Kontakt hat und sich gar am Meerschweinchen oder Hasenkäfig der Kinder ersten Appetit holt.

Ist man in dieser Weise über einen längeren Zeitpunkt sorgfältig, bricht buchstäblich jede der beschriebenen Verhaltensweisen konsequent ab, um dem Hund anschließend eine Alternative anzubieten, stehen die Chancen, dass man das Jagdverhalten zuverlässig in den Griff bekommt, sehr gut. Bei Jagdhunden aber, die als Familienhunde gehalten werden, muss man wissen, dass es ohne abzulehnenden Starkzwang kaum gelingen wird, den Hund völlig vom Jagen abzuhalten. Lediglich mit hundertprozentiger Konsequenz im Alltag, ständigem Üben sowie einer überdurchschnittlichen regelmäßigen Auslastung durch Fährtenarbeit etc. kann man verhindern, dass das Jagen zur Lieblingsbeschäftigung wird. Entgegen landläufiger Meinung reichen bei diesen Hunden nämlich lange Spaziergänge plus ein Mal die Woche Agility, Obedience usw., wobei diese zwar sicherlich viel Freude haben können, aber keinesfalls gemäß ihrer ureigenen Veranlagung ausgelastet werden, in der Regel nicht aus.

Bei allen Hunden muss außerdem darauf geachtet werden, dass sie beim Jagen generell keine Erfolgserlebnisse haben. Weiter oben war die Rede davon, dass für Hunde bereits die bloße Verfolgung motivierend und somit verhaltensverstärkend ist. Viele passionierte Jäger haben ihre Leidenschaft im heimischen Garten entdeckt und pflegen gelernt. Die unkontrollierte Bewegungsfreiheit im Garten, bei der alles – vom Vogel bis zur Maus – verfolgt werden kann, ist für die Kontrolle von jagdlich motiviertem Verhalten Gift. Die Tatsache, dass der Hund in den seltensten Fällen im eigenen Garten irgendetwas erlegt, darf darüber nicht hinwegtäuschen. Achten Sie also darauf, dass der Hund sich nur mit Ihnen gemeinsam im Garten aufhält, sobald auch nur der geringste Verdacht auf jagdlich motiviertes Verhalten besteht. Verfahren Sie hier auf dieselbe Weise, wie beim Spaziergang: auf Schleppleine treten, konsequent **NEIN**, Alternative bieten.

Was Sie noch tun können

Sind die ersten Erziehungsübungen wie **KOMM**, **SITZ**, **PLATZ** usw. erfolgreich eingeführt und auch schon unter mittlerer Ablenkung durchführbar, können Sie zusätzlich mit dem Welpen regelmäßig einen Wildpark besuchen und dort – natürlich in entsprechendem Abstand zu den Gehegen – trainieren. In ländlichen Gebieten empfiehlt es sich, die dort befindliche Tierwelt zu nutzen, um alle Übungen unter dieser spezifischen Ablenkung vorzunehmen: neben der Pferdekoppel, am Rand eines Schafspferchs, in der Nähe freilaufender Hühner usw. Beachten Sie bei diesen Situationen immer das Prinzip der relativen Annäherung, beginnen also mit einer recht großen Distanz und tasten sich erst bei entsprechendem Erfolg meterweise näher. Übrigens gibt es immer wieder Welpen, die auf Pferde, Kühe und ähnlich großes Getier mit Angst und Unsicherheit reagieren. Bei diesen Hunden sollte nur innerhalb solcher Distanzen geübt werden, die es ihnen erlauben, entspannt zu bleiben.

Kurz gefasst
Antijagdtraining für Welpen

Um zu verhindern, dass der Welpe sich zu einem passionierten Jäger entwickelt, sind insbesondere in der Junghundphase entsprechende Maßnahmen unumgänglich, aber effektiv. Nimmt man erste Anzeichen wie das Jagen von Vögeln, Blättern, Insekten usw. ernst, so wird es um ein Vielfaches leichter sein, den Hund auch später vom Jagen aussichtsreicherer Beutetiere abzuhalten.

Alleinbleiben

Der Welpe sollte bereits früh schritt- und minutenweise an das Alleinsein herangeführt werden, denn es werden sich im Leben des erwachsenen Hundes immer Situationen ergeben, in denen er nicht mitkommen kann. So sollte man bereits ab der zweiten Woche nach der Übernahme gezielt erste Schritte unternehmen und – am besten während der Hund gerade einschläft oder müde ist – wortlos aus dem Raum und auch schon kurz aus der Wohnung gehen. Es reicht völlig aus, wenn man wenige Minuten abwesend ist, um z. B. den Müll rauszubringen, den Briefkasten zu leeren oder in den Keller zu gehen. Beim Zurückkommen ist es wichtig, den Hund entgegen jeden Reflexes nicht zu begrüßen. Je weniger Bedeutung dieser

Die Box bietet beim Alleinbleiben einen sicheren und geborgenen Rückzugsort.

kurzen Abwesenheit von Ihnen beigemessen wird, desto selbstverständlicher wird sie für den Welpen. Daher sollte man auch nicht den Fehler begehen, sich in dieser Lernphase mit Streicheleinheiten oder Ansprache vom Hund zu verabschieden. Die Diskrepanz zwischen An- und Abwesenheit des Menschen soll für den Welpen so wenig spürbar wie möglich sein. Knuddelt man den Hund nun noch einmal ordentlich, direkt bevor man die Wohnung verlässt oder spielt gar mit ihm, wird er eine plötzliche Abwesenheit als besonders unangenehm empfinden. Haben Sie sich jedoch in den letzten Minuten vor Verlassen der Wohnung ohnehin nicht mit ihm beschäftigt, wird ihm der Unterschied viel weniger auffallen. Diese kurzen Übungen, die gut ohne weiteren Zeitaufwand in den menschlichen Alltag integriert werden können, sollten täglich drei bis vier Mal durchgeführt werden. Durch mehrere kurze Einheiten am Tag lernt der Welpe recht schnell, dass Sie immer wieder zurückkommen und daher keinerlei Aufregung nötig ist. Nach einigen Tagen können Sie bestimmte Rituale in das Verlassen der Wohnung mit einbauen, wie z. B. das Anziehen von Jacke und/oder Schuhen, das Aufnehmen des Schlüssels usw. Auch das sollte völlig wortlos und selbstverständlich vor sich gehen. Auf diese Weise kann schon einmal angedeutet werden, dass man unter Umständen auch einmal länger außer Haus sein wird und dieser Tatsache bestimmte Rituale vorausgehen. Nach ein bis zwei Wochen täglichen Übens sollte man die Zeitspanne um einige Minuten steigern. Klappt das ohne Probleme, kann man dazu übergehen, den Welpen nicht mehr auf jeden

kleinen Gang zum Bäcker usw. mitzunehmen, sondern in der eingeführten Weise bezüglich der Verabschiedung und der Rückkehr kurz zu Hause zu lassen. Solche Übungseinheiten in puncto Alleinsein sollten ab sofort etwa drei bis vier Mal wöchentlich vorgenommen werden. Bei fleißigem Üben kann der Hund mit etwa einem halben Jahr bereits drei bis vier Stunden alleine bleiben, doch mehr als vier bis fünf Stunden sollten auch dem erwachsenen Hund nicht zugemutet werden.

Um zu vermeiden, dass der Welpe unnötige Ängste entwickelt, sollte das Alleinbleiben regelmäßig und schrittweise geübt werden.

Trennungsängste In der letzten Zeit suchen verstärkt immer wieder Hundebesitzer unsere Hilfe, da ihre Hunde nicht alleine in der Wohnung bleiben wollen, dort lauthals Protest anmelden oder gar Einrichtungsgegenstände zerstören. Interessanterweise bleiben viele dieser Tiere ohne Probleme allein im Auto. Vor noch einigen Jahren war die Ursache bei Hunden, die mit Trennungsängsten reagieren, in der Mehrheit aller Fälle auf eine isolierte und reizarme Haltung in den ersten Lebenswochen zurückzuführen. Diese Hunde hatten zumeist während der Sozialisierungsphase keine Gelegenheit gehabt, zum Menschen und zur Umwelt eine Art Urvertrauen zu entwickeln. Heute jedoch zeigt sich – zumindest unserer Erfahrung nach – ein ganz anderer Trend. Viele Hunde, die nicht allein sein können oder wollen, kommen von guten Züchtern, für die Begriffe wie Prägung und Sozialisierung keine Fremdwörter sind, und auch ihre Besitzer haben bereits jede Menge Zeit und Aufwand investiert. Das Problem dieser Tiere ist in der Regel ein Zuviel an Aufmerksamkeit und „Verwöhnaroma" durch den Menschen, sodass man streng genommen gar nicht mehr von Trennungsangst, sondern passender von Trennungsunwillen und mangelnder Anpassungsbereitschaft sprechen muss. Um einen solchen Unwillen beim Welpen nicht zu fördern, empfiehlt es sich, ihm von Anfang an nicht zu gestatten, seinen Menschen innerhalb der Wohnung überall hin zu verfolgen. So rührend es sein mag, dass der Welpe sogar mit auf die Toilette möchte, so problematisch ist dies aus erzieherischer Sicht. Ein selbstbewusster Welpe wird daraus bei regelmäßigem Erfolg mit hoher Wahrscheinlichkeit eine penetrante Anspruchshaltung entwickeln, ein unsicheres Tier gerät in eine verhängnisvolle Abhängigkeitsspirale, die mit einer gesunden Bindung nichts mehr zu tun hat. Sollten Sie sich also für wenige Minuten im Bad, Keller oder in anderen Räumen aufhalten, so ist es sinnvoll, die Tür wortlos hinter sich zu schließen und beim Zurückkommen so zu tun, als wäre nichts gewesen.

NEIN

**Verknüpfungs-
übung: NEIN**

So wird's
gemacht

Der Welpe lernt die Bedeutung des Wortes **NEIN**.

Um dem Welpen zunächst die notwendige Verknüpfung zu ermöglichen, empfiehlt sich folgende Vorgehensweise: Nehmen Sie sich ein Lecker-

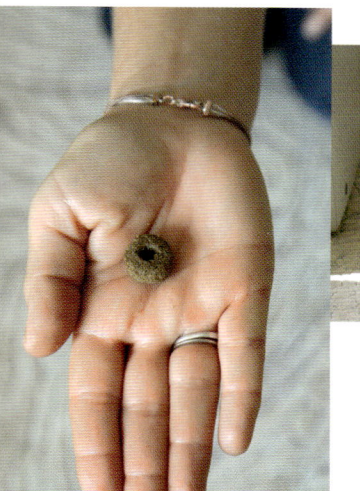

chen und setzen sich zu dem Hund auf den Boden. Das Leckerchen darf nicht zu klein sein, sonst könnte die Kontrolle schwerfallen, ca. zwei Zentimeter groß sollte es schon sein. Legen Sie das gute Stück auf Ihre Handfläche und zeigen es dem Welpen (wortlos!) mit ca. 10 bis 20 Zentimeter Abstand. Sobald er seine Nase in Richtung Leckerchen streckt, was recht schnell der Fall sein dürfte, schließen Sie Ihre Hand zur Faust, damit der Hund es auf keinen Fall erhaschen kann und sagen ein unmissverständliches **NEIN**. Wichtig ist auch hier wieder, in das Verhalten des Hundes „hinein- zureagieren"; das **NEIN** und die sich schließende Hand sollten also gleichzeitig genau dann erfolgen, wenn der Welpe seine Nase in Richtung Leckerchen streckt. Sobald der Hund seine Nase wieder zurücknimmt, öffnen Sie Ihre Handfläche wieder. Macht er nun – was zu erwarten ist – erneut einen Versuch, das Leckerchen zu bekommen, erfolgt wieder Hörzeichen **NEIN** und die Hand schließt sich. Diese Übung sollte etwa drei bis fünf Mal am Stück wiederholt werden. Das Leckerchen bekommt der Welpe nach Beendigung der Übung nicht, um ihn nicht zu verwirren. Haben Sie einen sehr ver- fressenen Hund, so ist es sinnvoll, diese Verknüpfungsübung bei den ersten Versuchen nicht vor, sondern nach der Fütterung vor- zunehmen. Interessiert sich Ihr Welpe hingegen gar nicht für die Leckerei, was recht ungewöhnlich wäre, sollte der umgekehrte Weg

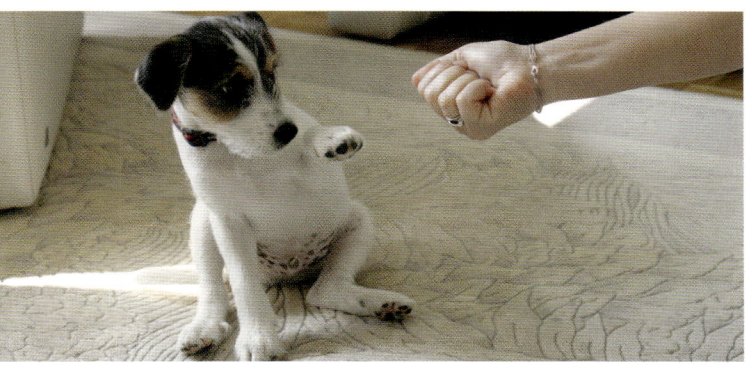

Bevor der Welpe NEIN befolgen kann, muss er lernen kön- nen, was mit diesem Wort gemeint ist.

gewählt und die Übung vor der Fütterung durchgeführt werden. Außerdem kann es bei einem sehr wählerischen Kandidaten nötig sein, etwas besonders gut Riechendes, wie z. B. Trockenfisch, einzu- setzen. Wie auch immer, in jedem Fall muss dringend darauf geach- tet werden, dass man schnell reagiert und der Welpe auf keinen Fall Gelegenheit hat, das Leckerchen zu fressen, da in einem solchen Fall das Wort **NEIN** für ihn in etwa die Bedeutung von **NIMMS** bekäme.

Eine erste Trans-
ferübung, nachdem
der Welpe NEIN
verknüpft hat.

Bei dieser Übung macht, wie in der Hundeerziehung ganz generell, vor allem der Ton die Musik und dieser muss der Sensibilität des Welpen angepasst werden. Ignoriert der Welpe Ihr **NEIN** komplett und versucht dennoch alles, um an das Leckerchen zu gelangen, so ist Ihr Tonfall nicht geeignet, ihm eine Verknüpfung zu ermöglichen, und Sie müssen etwas energischer zur Sache gehen. Ist der Welpe hingegen völlig verschüchtert, muss man seinen Ton etwas neutralisieren. Ein guter Gradmesser dafür, dass man den richtigen Ton getroffen hat, ist immer ein Hund, der sein Verhalten zwar beeindruckt, aber ohne Anzeichen von Ängstlichkeit einstellt.

Die beschriebene Verknüpfungsübung sollte etwa zwei Mal am Tag, nicht häufiger als fünf Mal hintereinander, durchgeführt werden. Hat man ein sehr draufgängerisches, uneinsichtiges Exemplar, darf man durchaus drei kleine Übungseinheiten am Stück absolvieren. Man kann davon ausgehen, dass der Welpe auf diesem Weg innerhalb weniger Tage beispielhaft an einer gestellten Situation lernt, was **NEIN** für eine Bedeutung hat: Lass sein, was du gerade tust oder vorhast zu tun! Das die gewünschte Verknüpfung stattgefunden hat, können Sie daran feststellen, dass der Welpe auf Ihr **NEIN** gar nicht mehr versucht, an das Leckerchen zu kommen. Häufig versuchen Welpen dann, jeglichen Blickkontakt mit dem Leckerchen zu vermeiden oder widmen sich einer anderen Tätigkeit. Bitte bedenken Sie, dass bislang nur ein, wenn auch äußerst erstrebenswertes Ziel, erreicht ist: Der Welpe kennt die Bedeutung des Wortes **NEIN**. Es hat noch kein Transfer auf andere Situationen stattgefunden und man kann in diesem Stadium keinesfalls schon davon ausgehen, dass der Hund das Hörzeichen in allen gängigen Alltagssituationen zuverlässig befolgt. Dazu sind weitere Lernschritte erforderlich.

Etablierungs- übung: Wie man das NEIN festigt

So wird's gemacht

Der Welpe bricht auf das Hörzeichen **NEIN** sein Verhalten ab.

Auch hier ist wieder Kontrolle Voraussetzung für den Erfolg. Als Übungssituationen sollten Sie nach der Verknüpfungsübung **NEIN** zunächst gestellte Situationen nutzen, doch nun verstärkt solche, die im späteren Hundeleben alltäglich vorkommen können. Doch Achtung: Dabei müssen Sie sehr überlegt vorgehen, denn der Hund soll nun lernen, dass es Konsequenzen hat, wenn er Ihr **NEIN** ignoriert. Das bedeutet, dass Sie in der Lage sein müssen, das **NEIN** in jedem Fall sofort durchzusetzen. Es empfiehlt sich, täglich ein bis zwei Situationen zu provozieren. Nehmen Sie beispielsweise eine alte Brötchentüte, lassen sie „zufällig" direkt neben sich

fallen und sagen gleichzeitig **NEIN**. Der Geruch und sicherlich auch die Bewegung wird den Welpen animieren, sich das Ganze genauer anzuschauen. Ignoriert der Welpe nun Ihr **NEIN** und versucht dennoch die Tüte aufzunehmen, so können Sie sofort eingreifen und diese gleichzeitig mit einem erneuten (energischeren!) **NEIN** aufnehmen und entsorgen. Ähnlich können Sie mit einer Bananenschale, einer leeren Kekspackung oder einem Kinderspielzeug verfahren. Oberste Priorität aber muss dabei immer haben, dass Sie schnell genug reagieren und dem Welpen das Objekt der Begierde wieder abnehmen können. Noch besser ist allerdings, wenn so schnell reagiert wird, dass der Welpe es gar nicht erst aufnehmen kann. Sie sollten diese ersten Transferübungen nicht mit so attraktiven Dingen wie z. B. Wurst durchführen, allenfalls mit einer ehemaligen Wurstpackung und auch das nur dann, wenn Sie mit etwas weniger Begehrenswertem schon erfolgreich waren. Führen Sie diese ersten weiterführenden Übungen nur im Haus durch, damit Sie eine bestmögliche Kontrolle haben. Auf der ganz sicheren Seite sind Sie, wenn dies zunächst nur mit dem angeleinten Welpen geübt wird, weil dieser Ihnen auf keinen Fall entwischen kann.

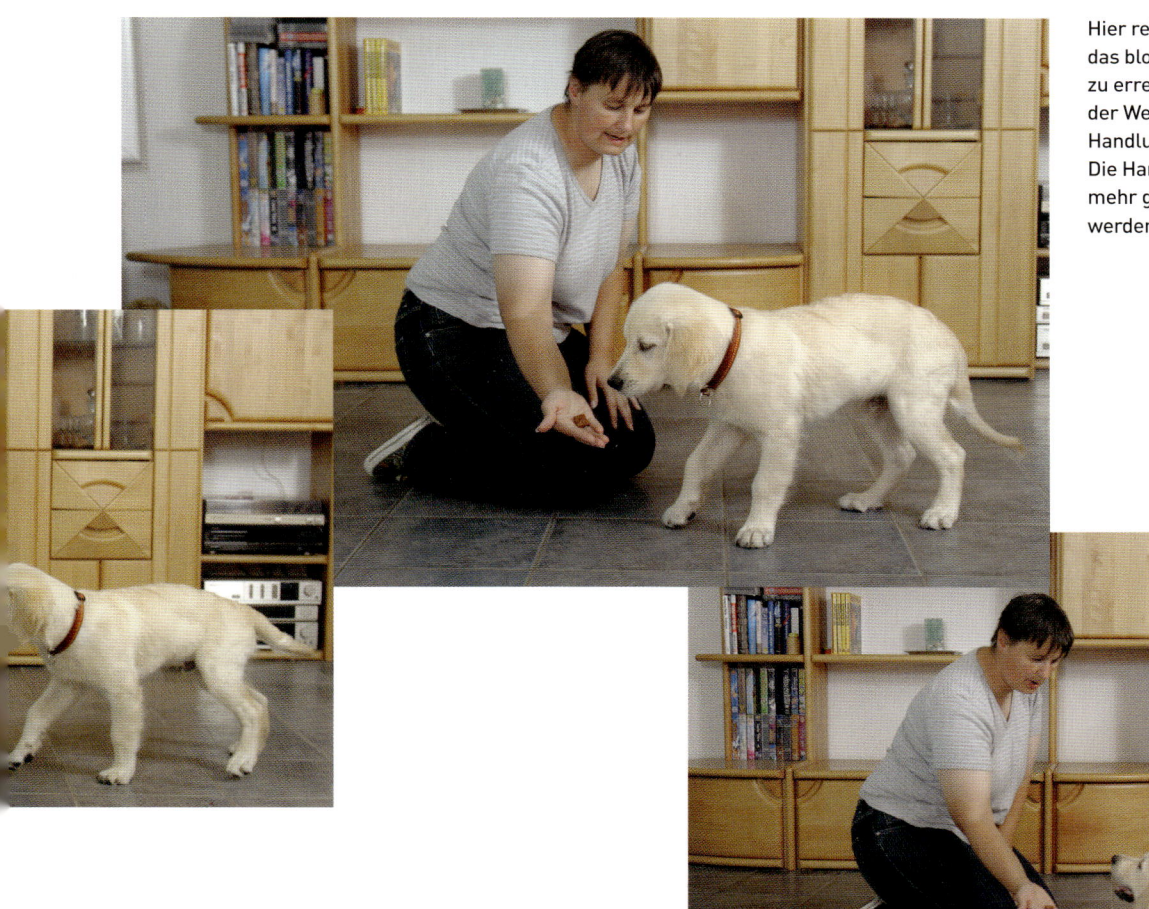

Hier reicht bereits das bloße NEIN, um zu erreichen, dass der Welpe seine Handlung einstellt. Die Hand muss nicht mehr geschlossen werden.

So könnte beispielsweise, während Sie sich zum Spaziergang fertig machen und den Hund anleinen, zufällig etwas aus Ihrer Tasche fallen. Denken Sie immer daran: Das Hörzeichen muss immer in das Verhalten des Welpen hineinreagieren und bereits dann ertönen, wenn das Tier dazu ansetzt, etwas zu tun, was es nicht tun soll, d. h. also bereits dann, wenn es auch nur andeutungsweise seine Nase in Richtung „Fallobjekt" streckt.

Seien Sie bei der Auswahl der Tabu-Objekte abwechslungsreich, wählen aber keinesfalls etwas sehr Kleines, was schnell verschluckt werden kann. Akzeptiert der Welpe nach einiger Zeit fleißigen Übens das **NEIN** in den beschriebenen Situationen zuverlässig, können Sie die Anforderungen schrittweise steigern. So können Sie Ihre Übungen an andere Orte verlegen und beispielsweise im Garten oder auch auf dem Spaziergang etwas fallen lassen. Auch dabei befindet sich der Hund jedoch aus Sicherheitsgründen zunächst besser an der Leine. Schließlich können Sie als Variante zum Fallenlassen an bestimmten Stellen etwas deponieren, was mit **NEIN** energisch tabuisiert wird, sobald der Welpe es entdeckt. Eine gute Möglichkeit wäre z. B., eine Bonbontüte beim gemeinsamen Verlassen des Hauses im Flur auf dem Boden liegen zu lassen, um dann beim Zurückkommen **NEIN** zu üben. Im nächsten Schritt können Sie schließlich an der Zeitdauer feilen und dazu übergehen, die entsprechenden Objekte, nachdem diese mit **NEIN** tabuisiert

Draußen wurde unauffällig etwas deponiert, um NEIN für den Ernstfall zu üben. Lob nicht vergessen.

wurden, liegen zu lassen und nicht sogleich wegzuräumen. Dabei müssen Sie sich jedoch die Zeit nehmen, den Hund genau zu beobachten und dürfen nur scheinbar mit etwas anderem, wie Zeitunglesen, beschäftigt sein. Ein Auge muss, möglichst unauffällig, immer beim Welpen sein, um schnell genug agieren zu können. Solche Dauer-Tabu-Übungen können zunächst nur wenige Minuten lang sein und dürfen im fortgeschrittenen Stadium durchaus 15 bis 30 Minuten dauern. Während der kompletten Zeit müssen Sie dabei unbedingt anwesend sein. Es ist utopisch, dass der Welpe das **NEIN** auch dann noch akzeptiert, wenn Sie den Raum verlassen. Haben Sie das Gefühl, dass Sie innerhalb der Etablierungsphase mit dem **NEIN** auf einem guten Weg sind, reichen ein bis zwei Wiederholungen alle paar Tage völlig aus. Wichtig aber bleibt es, bei diesen Übungen verschiedenste Objekte abzuwechseln, von Brotdosen über Kinderspielzeuge bis zu sonstigen Verpackungen aller Art.

Schritte

Schritt 1

Schritt 2

Schritt 3

Schritt 4

Schritt 5

Übungsplan zu NEIN

Wie wird's gemacht?	Wo?	Wie oft üben?	Hilfe, es klappt nicht!	Lernziel
Leckerchen (möglichst groß, ein bis zwei Zentimeter Durchmesser) auf die Handfläche legen und dem Welpen zeigen. Sobald er es anschaut, Hand schnell verschließen und deutliches **NEIN** sagen.	Im Haus ohne Ablenkung.	Ein bis zwei Mal täglich bis der Welpe auf **NEIN** nicht mehr versucht, das Leckerchen zu bekommen (in der Regel nach fünf bis zehn Mal der Fall)	Mit strengerer Stimme **NEIN** sagen. Sehr aufdringliche Welpen, die auch auf eine strenge Stimme nicht reagieren, energisch mit der Hand wegschieben.	Welpe akzeptiert, das Futter **nicht** nehmen zu dürfen. Welpe bekommt Vorstellung davon, dass **NEIN** „Du-darfst-nicht" bedeutet.
Leckerchen wird mit Hörzeichen **NEIN** auf den Boden gelegt (Achtung! Hand daneben lassen, damit das Leckerchen schnell „gerettet" werden kann).	Im Haus ohne Ablenkung.	s. o.	Zurück zu Schritt 1 gehen.	Welpe versucht nicht, an das Futter zu gelangen. Festigung des Hörzeichens **NEIN**.
Leckerchen (z. B. in Brötchentüte etc. geschützt) in kleinem Abstand zum Hund fallen lassen, gleichzeitig **NEIN** sagen.	Im Haus ohne Ablenkung, danach auch bei Spaziergängen.	s. o.	Zurück zu Schritt 2 gehen.	Welpe respektiert das **NEIN**.
Nun möglichst unterschiedliche Objekte mit **NEIN** tabuisieren. Attraktivität der Objekte (bis hin zur Wurst) steigern, doch immer darauf achten, die Kontrolle zu behalten.	Überall.	Mehrmals pro Woche. Bei sehr gutem Erfolg ein Mal wöchentlich mit unterschiedlichen Objekten während der ganzen Pubertätsphase.	Zurück zu Schritt 3 gehen. Kriterien der ganzheitlichen Hundeerziehung verstärkt beachten.	Ein Transfer und eine Generalisierung des Hörzeichens **NEIN** findet statt.
Sind Sie bei allen vorherigen Schritten erfolgreich, dürfen Sie nun **NEIN** als Abbruchsignal im Alltag ein-setzen, wenn Sie dem Hund „Du-darfst-nicht" sagen müssen.	Immer.		Zurück zu Schritt 3 und 4 gehen. Konsequent auf ganzheitliche Erziehungskriterien setzen.	Hund bricht auf **NEIN** unerwünschtes Verhalten ab.

Wann darf NEIN im Ernstfall angewendet werden?

Sind Sie mit den Etablierungsübungen über zwei bis drei Wochen erfolgreich, wovon auszugehen ist, wenn Sie das **NEIN** auch bei Dauer-Tabu-Übungen kein zweites Mal mehr wiederholen müssen, so dürfen Sie dazu übergehen, das Hörzeichen **NEIN** auch im Alltag anzuwenden. Allerdings darf der Welpe damit keinesfalls willkürlich überschüttet werden, und man sollte auch weiterhin jedes Mal die Frage der Durchsetzbarkeit prüfen, um den bisherigen Erfolg nicht zu gefährden. Hat der Welpe beispielsweise, ohne dass Sie das bemerkt haben, einen Schuh gemopst, den er jetzt bearbeitet, so sollten Sie zunächst völlig ruhig und ohne drohende Körperhaltung auf ihn zugehen und das **NEIN** dann in entsprechendem Tonfall erst dann sagen, wenn Sie schon die Hand am Schuh haben. Rufen Sie ihm das Hörzeichen schon aus mehreren Metern entgegen, um dann drohend auf ihn zuzulaufen, ist die Wahrscheinlichkeit hoch, dass er mit dem Schuh vor Ihnen wegläuft und Sie das **NEIN** somit nicht durchsetzen können.

AUS kann durch den Einsatz eines zweiten attraktiven Spielzeugs gelernt werden.

Info
Wann NEIN, wann AUS?

Das Hörzeichen **NEIN** empfiehlt sich, wenn der Hund ein bestimmtes Verhalten abbrechen oder erst gar nicht zeigen soll. **AUS** sollte dann verwendet werden, wenn es ganz konkret darum geht, dass der Hund einen Gegenstand, den er im Maul hält, wie z. B. ein Spielzeug, fallen lässt.

AUS

Lernziel

Der Welpe lässt auf Hörzeichen **AUS** fallen, was er im Maul trägt. Das Hörzeichen **AUS** eignet sich vor allem für Gegenstände, die der Hund im Maul trägt und hergeben soll. Dabei ist es egal, ob es sich um etwas „Hundeeigenes" handelt, wie bspw. ein Spielzeug, oder nicht.

Verknüpfungs-übung AUS

Lernziel

Der Welpe lernt die Bedeutung des Wortes **AUS**. Innerhalb dieser Etappe gilt folgende Prämisse: Hörzeichen **AUS** wird (noch!) nicht gegeben, um zu erreichen, dass der Welpe sein Spielzeug usw. hergibt, sondern wenn er es fallen lässt. Auch hier muss dem Welpen zuerst die Verknüpfung von Wort und Tat ermöglicht werden. Bei allen nun folgenden Varianten sollten Sie sich in ablenkungsfreier Umgebung befinden.

Variante 1

Hier benötigen Sie zwei Spielzeuge des Welpen, die für diesen eine möglichst hohe Attraktivität besitzen. Sie sollten also für diese Übung nichts wählen, was der Welpe zur freien Verfügung hat. Stattdessen greife man zu solchen Spielobjekten, die der Hund lediglich im gemeinsamen Spiel mit dem Menschen haben darf und die ansonsten unter Verschluss stehen. Eines der Spielzeuge sollten Sie versteckt in der Tasche haben. Spielen Sie mit dem Hund so, wie im entsprechenden Kapitel beschrieben. Sobald der Hund sein Spielzeug im Maul trägt, ziehen Sie mit einem begeisterten **GUCK MAL** das zweite aus der Jacke. Die meisten Welpen werden nun dasjenige, welches sie im Maul haben, fallen lassen. Das ist der richtige Moment für das Hörzeichen **AUS**. Werfen Sie ihm nun das zweite

Hier lernt der Welpe die Bedeutung des Wortes AUS über den Tausch mit einem Leckerchen.

Spielzeug (Achtung: nicht zu weit, damit Sie die Kontrolle über das Spiel nicht verlieren!), heben das erste schnell auf und stecken es weg. Nachdem Sie ein bis zwei Minuten mit dem Welpen gespielt haben, wiederholen Sie das Ganze nochmals: Verstecktes Spielzeug hervorholen, freundliches **GUCK MAL**, sobald der Welpe „seines" fallen lässt: Hörzeichen **AUS**. Vergessen Sie nie, dass fallen gelassene Spielobjekt schnell und für den Hund nicht sichtbar wieder einzustecken. Sie können diese Übung etwa vier bis fünf Mal hintereinander durchführen, möglichst nicht öfter, damit der Welpe die Lust daran nicht verliert. Es ist aber nichts dagegen einzuwenden, insgesamt zwei bis drei kleine Übungseinheiten **AUS** über den ganzen Tag verteilt einzustreuen. Wichtig dabei ist lediglich, dass das Spiel interessant und aufregend für den Welpen bleibt, damit er stets motiviert ist, auch mit dem neu angebotenen Spielzeug weiterzuspielen.

Variante 2

Hierzu benötigen Sie ein Spielzeug an einer Schnur, z. B. ein Bällchen mit Schnur, einen Kong-Ball o. Ä. Das Spiel sollte direkt in Ihrer unmittelbaren Körpernähe stattfinden, damit eine entsprechende Kontrolle gewährleistet ist. Optimalerweise setzt man sich mit dem Spielzeug in der Hand und Leckerchen in der Tasche zu dem Hund auf den Boden. Beginnen Sie das Spiel, sobald der Welpe das Spielzeug „gefangen" hat, lassen Sie es ihn kurz halten oder schütteln, lassen die Schnur jedoch nicht los (Sollte dies in ein zu wildes Zerrspiel ausarten, empfiehlt es sich, auf diese Variante zu verzichten). Sodann holen Sie schnell ein Leckerchen aus der Tasche, sagen freundlich **GUCK MAL** und halten es ihm vor die Nase. Sobald er das Spielzeug fallen lässt (keinesfalls früher!), erfolgt das Hörzeichen **AUS** und der Welpe bekommt das Leckerchen. Auch diese Übung kann mehrmals hintereinander durchgeführt werden, optimal sind ebenfalls mehrere kleine Einheiten über den ganzen Tag verteilt.

Variante 3

Diese interessante Variante funktioniert sehr sicher und zuverlässig. Wiederum leitet man mit dem Welpen zunächst ein Spiel ein. Sobald er das Spielzeug aufgenommen hat und fest im Maul hält, umfasst man den Hund wortlos mit beiden Armen um Brust und Po. Man halte ihn völlig ruhig und gelassen, sodass er sich nicht entwinden kann. Bereits nach sehr kurzer Zeit wird er sein Spielzeug fallen lassen und genau dies sollte der Moment für das Hörzeichen **AUS** sein. Diese Methode funktioniert übrigens auch bei erwachsenen Hunden ausgezeichnet, selbst wenn diese sich ansonsten hartnäckig weigern, Spielzeug herzugeben. Aus Sicherheitsgründen muss jedoch darauf hingewiesen werden, dass sie bei Hunden mit Aggressionsproblemen nicht angewendet werden darf. Diese Variante kann zwei bis drei Mal hintereinander angewendet und sollte nicht überstrapaziert werden. Wird mehr gehalten als gespielt, besteht die Gefahr, dass der Welpe lernt, das Spiel eher zu meiden. Daher ist bei dieser Variante darauf zu achten, dass nach dem Halten und dem Hörzeichen **AUS** immer noch einmal kurz weitergespielt wird und das Spiel nicht direkt nach dem Halten endet.

Dieser beruhigende Griff veranlasst die meisten Hunde fallen zu lassen, was sie im Fang tragen.

**Etablierungs-
übung AUS**

Der Welpe lässt auf Hörzeichen **AUS** fallen, was er im Maul hält.

So wird's gemacht

In dieser Phase nun soll das Hörzeichen **AUS** vom Menschen eingefordert werden. Der richtige Zeitpunkt beim Übergang von der Verknüpfungs- zur Etablierungsphase hängt von der Häufigkeit ab, mit der die Verknüpfungsübungen durchgeführt worden sind. Hat man diese täglich mehrmals geübt, so kann man bereits nach zwei bis drei Wochen zur nächsten Schwierigkeitsstufe übergehen. Dabei sollte man jedoch nicht willkürlich, sondern schrittweise verfahren. So empfiehlt es sich, das **AUS** zu diesem Zeitpunkt ausschließlich in den bereits bekannten Spiel-Situationen und zunächst noch nicht im Alltag zu verlangen. Dazu muss bei diesem Schritt jedoch noch eine weitere Voraussetzung unbedingt erfüllt sein, nämlich die Ihrer unmittelbaren Anwesenheit und Kontrolle, damit das **AUS** in jedem Fall durchgesetzt werden kann, auch wenn der Hund es „überhören" sollte. Damit es soweit nicht kommt, sollte der Hund eine dünne Leine tragen (das kann durchaus die Schleppleine sein). Beginnen Sie nun das Spiel wie gehabt. Arbeiten Sie auch weiterhin mit einem zweiten Spielzeug und/oder mit Leckerchen. Bevor Sie nun Hörzeichen **AUS** geben, treten Sie kurz und unauffällig auf die Leine. Befolgt der Welpe das Hörzeichen und lässt sein Spielzeug fallen, soll er sofort entweder sein Alternativspielzeug oder ein Leckerchen bekommen. Keinesfalls sollten die Tauschobjekte zu diesem Zeitpunkt bereits abgebaut werden, denn der Hund muss nach wie vor für sein richtiges Verhalten belohnt werden. Sollte der Welpe sich nun aber weigern und das Spielzeug trotz Hörzeichen nicht hergeben, darf er in diesem Stadium nicht mit Alternativen „überredet" werden: Er erhält in diesem Fall keine Leckerchen und auch kein zweites Spielzeug. Stattdessen greifen Sie ihm wortlos über den Fang, nehmen das Spielzeug einfach aus dem Maul und brechen das Spiel ab. Da Sie ja den Fuß auf der Leine haben, besteht keine Gefahr, dass der Hund ausbüchst und so das eingeforderte **AUS** in ein lustiges „Fang-mich-doch-Spiel" verwandelt. Wir gehen natürlich davon aus, dass in der vorherigen Phase genügend geübt wurde und der Welpe somit ausreichend Gelegenheit hatte, zu lernen, was unter **AUS** zu verstehen ist. Gibt es trotz guter Erfolge in der Verknüpfungsphase beim Einfordern des Hörzeichens **AUS** große Probleme, so sollten übrigens dringend alle Maßnahmen zur ganzheitlichen Welpenerziehung ergriffen werden. Viele sehr selbstbewusste Hunde, insbesondere Terrier und sogenannte Gebrauchshunderassen, haben ihre Stärken nicht gerade auf dem Gebiet des Hergebens von Gegenständen. Weigert sich ein Welpe

also standhaft, Gegenstände herauszurücken, ist dieses Verhalten oft ein Indikator dafür, dass das Tier insgesamt eine konsequentere und ganzheitlichere Erziehung benötigt.

Sobald Sie mit dem Einfordern des Hörzeichens **AUS** in den bekannten Spielsituationen erfolgreich sind, können Sie beginnen, das **AUS** zunächst in ausgewählten Alltagssituationen, die mehr und mehr variiert werden sollten, einzusetzen. Gleichzeitig können die Leckerchen als Belohnung für das **AUS** abgebaut werden, auch muss keineswegs mehr jedem **AUS** im Spiel ein Alternativspielzeug folgen.

Nicht alle alltags-üblichen Gegenstän-de sind für Welpen geeignet; das Hörzeichen AUS zu lernen, ist daher von großem Nutzen.

Bevor das **AUS** nun in Alltagssituationen gefordert wird, ist es erforderlich, vor jedem Hörzeichen kurz innezuhalten und zu überlegen: „Kann ich das Hörzeichen auch dann durchsetzen, wenn mein Hund es missachtet?" Sofern Sie draußen konsequent mit der Schleppleine arbeiten, kann diese Frage dort prinzipiell mit Ja beantwortet werden. Sobald der Hund nämlich etwas hergeben soll, können Sie bequem auf die lange Leine treten, sich dem Welpen rasch nähern und Ihr Hörzeichen durchsetzen, sprich dem Welpen abnehmen, was er im Maul hält, sofern er das **AUS** nach einmaligem Einfordern ignoriert hat. Überaus wichtig nämlich in dieser Phase ist, dass der Welpe überhaupt nicht die Erfahrung macht, dass man Hörzeichen auch „überhören" kann. Für Situationen im

Nehmen Sie ruhig und souverän ab, was der Welpe nicht haben darf.

Schritt
Schritt 1
Schritt 2
Schritt 3

Übungsplan zu AUS

Wie wird's gemacht?	Wo?	Wie oft üben?	Hilfe, es klappt nicht!	Lernziel
Beim kommunikativen Spiel mit dem Welpen Spielzeug gegen gleichwertiges/a tauschen. Sobald Welpe Spielzeug fallen lässt, Hörzeichen **AUS**.	Im Haus ohne Ablenkung.	Ein bis zwei Wochen mehrmals täglich.	Gegen Futter tauschen. Halteübung einsetzen. Maul öffnen und Spielzeug abnehmen.	Welpe lässt Spielzeug fallen. Welpe verknüpft seine Handlung mit dem Hörzeichen **AUS**.
Beim kommunikativen Spiel mit dem Welpen **AUS** fordern, zur Belohnung sofort mit zweitem Spielzeug weiterspielen und erstes wegnehmen.	Im Haus und Garten ohne Ablenkung, bei guten Erfolgen auch auf Spaziergängen und unter langsam steigender Ablenkung.	Mehrmals täglich bis der Welpe gut auf **AUS** reagiert.	Überprüfen, ob genügend Verknüpfungsübungen stattgefunden haben. Kriterien der ganzheitlichen Erziehung stärker beachten.	Welpe lässt Spielzeug auf Hörzeichen **AUS** hin fallen.
Neben dem kommunikativen Spiel nun immer öfter in anderen Situationen **AUS** fordern (z. B. Hund mit Kaustange oder geklautem Objekt). Dringend beachten, dass man dem Hund das Objekt bei Nicht-Befolgen abnehmen kann.	Überall.	Mehrmals wöchentlich.	Dem Hund bei Nicht-Reaktion auf jeden Fall Objekt abnehmen. Siehe Schritt 2.	Transfer und Generalisierung: Der Welpe lässt jedes Objekt auf das Hörzeichen **AUS** hin fallen.

Haus gilt: Möchten Sie, dass der Welpe etwas hergibt, so nähern Sie sich ihm zunächst völlig gelassen und ohne drohende Körpersprache. Erst in seiner unmittelbaren Nähe sollte das Hörzeichen gegeben werden, damit man im Falle eines Falles einfach zum Hund greifen kann, um ihm das Objekt seiner Begierde abzunehmen.

Sofern man in diesen Phasen sorgfältig verfährt und alle notwendigen Schritte langsam, aber konsequent aufbaut, kann man mit dem **AUS** recht schnell erfolgreich sein. Da der Hund jedoch, wenn er etwas auf Signal seines Menschen hergeben soll, häufig gegen seine eigenen Interessen handelt, ist ein zuverlässiges **AUS** in allen Situationen des Alltags bei isoliertem Üben ohne ganzheitlichen Erziehungsansatz (S. 184) nur schwer zu erreichen.

Übrigens: Lässt der Hund auf **AUS** ein besonders attraktives Beuteobjekt (z. B. etwas Fressbares) fallen, sollte dies ein ganzes Hundeleben lang auch mit besonders attraktivem Ersatz belohnt werden!

Hat der Welpe AUS zuverlässig gelernt, kann der Mensch jederzeit prüfen, ob der Hund womöglich etwas Ungeeignetes aufgegriffen hat.

Info
„Hilfe, mein Welpe frisst alles, was er findet!"

Leider ist es bei Welpen eine weit verbreitete und oft auch gefährliche Unsitte, buchstäblich alles zu fressen, was ihnen vor die Nase kommt. Haben Sie ein solches Exemplar, empfiehlt es sich, zuallererst gemeinsam mit dem Tierarzt abzuklären, ob das derzeitige Futter den Nährstoffbedarf des Hundes tatsächlich vollständig deckt. Gleichzeitig sollte verstärkt das Hörzeichen **NEIN** trainiert werden. Sobald der Welpe nun außerhalb des Hauses seine Nase in verdächtiger Weise in Richtung Boden streckt, sollten Sie sofort mit dem Fuß auf die Schleppleine treten und unter gleichzeitigem, sehr energischem **NEIN** – auf der Leine – schnell zum Hund laufen. Bereits auf dem Weg zum Hund hole man schnell ein Leckerchen heraus. Stellt der Welpe auf das Hörzeichen **NEIN** sein Verhalten ein, so müssen sofort freudiges Lob sowie ein kurzes Futtersuchspiel folgen. Ignoriert der Welpe hingegen das **NEIN**, so sollte man ihn schnell am Halsband nehmen und von der begehrten Stelle wegführen, bis er bereitwillig von selbst mitmarschiert. Erst dann kann man das Halsband wieder loslassen. Mit Welpen ohne Schleppleine zu arbeiten, kann äußerst gefährlich sein, denn die wenigsten Welpen reagieren bereits in diesem Stadium zuverlässig auf ein Hörzeichen auf Distanz. Ohne lange Leine lernen sie in dieser Situation außerdem, dass der Mensch ab einer gewissen Entfernung keinen Einfluss mehr ausüben kann und büxen womöglich noch aus, um es sich an anderer, sicherer Stelle, schmecken zu lassen. Gelegentlich kann bei ganz uneinsichtigen Exemplaren zu ihrem eigenen Schutz vorübergehend sogar ein Maulkorb nötig sein, an den der Hund natürlich zunächst gewöhnt werden muss. In der Regel bessert sich dieses extreme Fressverhalten außer Haus beim erwachsenen Hund. Ganz verschwinden allerdings tut es selten, weswegen man einer Kontrolle bereits in der Frühphase der Entwicklung große Aufmerksamkeit schenken sollte.

Hochspringen unterlassen

Das Hochspringen ist eine Verhaltensweise, die von den meisten Welpenbesitzern beklagt und dabei oft – völlig unbewusst und ungewollt – unterstützt und verstärkt wird. Die meisten Welpen erhalten Zuwendung und Aufmerksamkeit, wenn sie an ihren Menschen hochspringen, um diese bspw. zu begrüßen. Um das genauer zu verstehen, muss man sich zunächst einmal klar machen, dass bereits bloßer Blickkontakt oder auch ein unwirsches „Ach, lass das doch" Zuwendung bedeutet und gerade das Letztere von vielen Hunden keineswegs als Korrektur gedeutet wird. Oft nämlich reicht eine minimale oder auch leicht negativ getönte Aufmerksamkeit in Momenten der Freude und der Begrüßung völlig aus, und der Welpe kommt zu dem Schluss, ein bestimmtes Verhalten wäre erwünscht. Möchte man dem Welpen das Hochspringen also zuverlässig abgewöhnen oder Sorge dafür tragen, dass sich diese Verhaltensweise gar nicht erst festigt, so sollte man alles unterlassen, was dem Hund das Gefühl geben könnte, er wäre mit dem Hochspringen in irgendeiner Weise erfolgreich. Das bedeutet, dass man dem Welpen, sobald er hochspringt, genau das entzieht, was er am meisten möchte: Ansprache und Blickkontakt. Sobald der Hund, sei es bei der Begrüßung oder in anderen Situationen, mit den Vorderpfoten vom Boden abhebt, sollte man ihm abrupt und schnell den Rücken zudrehen, die Arme verschränken und den Blick Richtung Himmel oder Decke wenden. Dabei sollte kein Wort gesprochen werden. Unterlässt es der Welpe daraufhin hochzuspringen, so kann man sich ihm direkt wieder zuwenden, sollte dabei aber, vor allem bei der Begrüßung, ruhig und gelassen mit dem Hund umgehen, damit es ihm nicht unnötig schwerfällt, mit allen vieren auf dem Boden zu bleiben. Sollte der Welpe dennoch erneut hochspringen, so muss erneut nach demselben Prinzip verfahren werden: abruptes und wortloses Rückenzuwenden, Entziehen von Blickkontakt, Verschränken der Arme, bis sich der Hund beruhigt hat. Diese einfache Methode ist äußerst effektiv, da der Welpe auf diesem Weg zuverlässig lernen kann, dass Hochspringen nicht zu dem von ihm gewünschten Ergebnis, sondern zu dessen Gegenteil, einem Kontaktabbruch, führt. Sie scheitert aber leider dann, wenn sie nicht von allen Familienmitgliedern mit derselben Konsequenz durchgeführt wird. Insbesondere Kindern muss diese Methode mit Hilfe Erwachsener beigebracht werden. Außerhalb des Hauses kann jeder Versuch, an Fremden hochzuspringen, sehr schnell dadurch unter-

bunden werden, dass man auf die Schleppleine tritt, sodass der Welpe zwar noch bequem stehen, aber nicht mehr hochspringen kann. Führt man den Welpen an der kurzen Führleine, so sollte man bei entsprechenden Versuchen die Leine direkt hinter dem Halsband fassen, damit der Hund nicht „abheben" kann.

Was beim Welpen noch niedlich aussehen mag, wird spätestens beim ausgewachsenen Tier unangenehm. Die einfache und effektive Methode des Abwendens ist äußerst empfehlenswert.

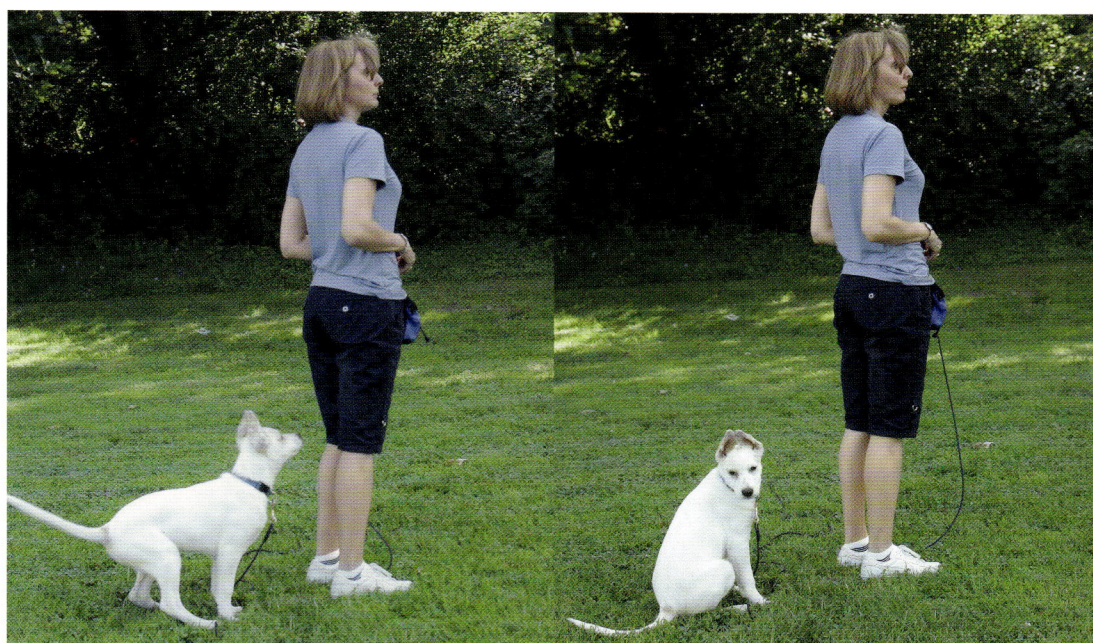

Info
Wie man vermeidet, dass der Welpe Gäste belästigt

Haben Sie einen Welpen, der auf Besuch zu stürmisch reagiert, so sollten Sie den Hund, sobald es klingelt, anleinen. Bitten Sie Ihre Gäste, den Welpen so lange komplett zu ignorieren, bis dieser sich ganz und gar beruhigt hat. Erst dann kann er ruhig und gelassen begrüßt werden. Somit ist gewährleistet, dass der Hund bei Eintritt von Besuch für sein allzu überschwängliches Verhalten keine Verstärkung in Form von Zuwendung erhält und stattdessen für ruhiges und angemessenes Benehmen mit Begrüßung belohnt wird. Sollte Ihr Welpe sich erneut aufdringlich verhalten, während Sie mit Ihren Gästen bspw. ungestört Tee trinken möchten, greifen Sie wortlos die Leine auf, die während des Besuchs am Hund bleiben sollte. Nehmen Sie den Hund mit zu Ihrem Sitzplatz, stellen den Fuß auf die Leine, so dass der Welpe bequem liegen oder stehen kann. Verzichten Sie dabei auf Geschimpfe oder Hörzeichen und agieren stattdessen mit souveräner Ruhe. Sobald der Hund sich ruhig verhält und diese kurze Einschränkung akzeptiert hat, können Sie den Fuß von der Leine nehmen. Zeigt der Welpe erneut aufdringliches Benehmen, beginnt das Prozedere von vorn: Leine aufnehmen, wortlos den Fuß auf die Leine stellen, bis der Welpe sich erneut beruhigt hat.

Umweltsozialisation

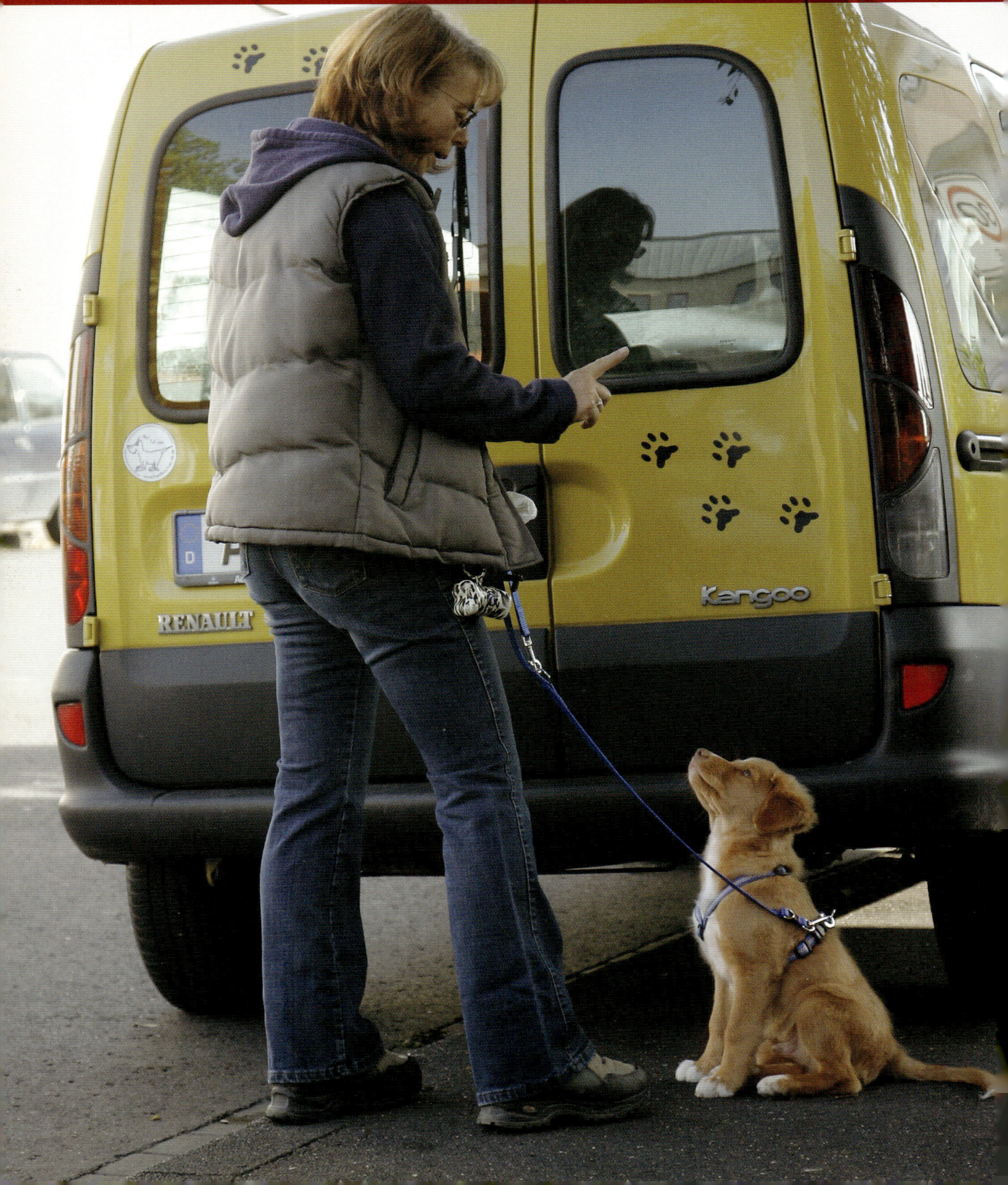

Ohne Umweltsozialisation geht es nicht

Für alle Erziehungsübungen wie **KOMM**, **SITZ** und **PLATZ** etc. geben wir die Empfehlung, die ersten Schritte lediglich in entspannter und ablenkungsfreier Umgebung vorzunehmen. Das ist für eine schrittweise und erfolgreiche Etablierung der genannten Hörzeichen enorm wichtig, vernachlässigt jedoch die so notwendige Sozialisierung des Welpen auf die Umwelt mit all ihren spezifischen Reizen und Erscheinungen. Daher müssen – neben den ja zeitlich doch recht kurzen Erziehungsspaziergängen – sogenannte „Sozialisierungsgänge" gemacht werden, bei denen sich der Welpe im Übrigen aus Sicherheitsgründen immer an der kurzen Führleine befinden muss. Für die Umweltsozialisation hat die Natur ein recht klar umrissenes Zeitfenster vorgesehen, innerhalb dessen der Welpe lernen kann, die Dinge, die ihn umgeben, als natürlichen Bestandteil der Welt zu betrachten. Man kann nach dem derzeitigen Stand der Dinge hier von einem Zeitraum bis etwa zur 16. Lebenswoche ausgehen, wobei es aber rassespezifische Unterschiede zu geben scheint. Da der Welpe in der Regel frühestens mit der 8. Woche übernommen wird, versteht sich, dass die wenigen Wochen, die nun zur Sozialisierung noch bleiben, optimal genutzt werden müssen. Forscher weisen in den letzten Jahren verstärkt auf die Gefahren hin, die von unsicheren Hunden ausgehen, und es zeichnet sich ab, dass gerade sie es sind, die später häufiger zubeißen. Welpen nun, die in dieser wichtigen Phase keine zielgerichtete Sozialisierung erfahren, werden mit sehr hoher Wahrscheinlichkeit spätestens als erwachsene Hunde auf die selbstverständlichsten Umweltreize bestenfalls mit Angst und Stress, schlimmstenfalls mit angstaggressivem Verhalten reagieren. Mangelhaft sozialisierte Hunde zeigen aber auch Verhaltensweisen, die man häufig auf den ersten Blick gar nicht mit den tatsächlichen Ursachen in Verbindung bringt, sondern für schlechte Erziehung oder persönliche „Macken" des Tieres hält. Ganz besonders oft zeigen solche Hunde im Erwachsenenalter eine schlechte Leinenführigkeit in der Stadt, wo sie, ob der vielen Eindrücke, völlig außer sich geraten. Auch übertriebener Belleifer ist hier zu nennen, nervöses Misstrauen gegen Fremde sowie eine mangelnde Fähigkeit, sich an wechselnde Gegebenheiten anzupassen. All dies kann jedoch mit etwas Engagement verhindert werden, und wir raten dringend auch solchen Welpenbesitzern, die in einem ruhigen, ländlichen Umfeld leben, hier keine Mühen zu scheuen. Natürlich ist es wünschenswert, dass sich weder in Ihrem

Eine freundliche Stimmung zwischen Menschen überträgt sich auch auf den Hund.

Lebensumfeld noch in dem des Hundes etwas ändert. Doch dafür gibt es nun einmal keine Garantie und ein späterer Umzug in eine Stadt kann unter Umständen zu einem großen Problem für das Tier werden. Es ist nicht notwendig, für die unten beschriebenen Sozialisierungsmaßnahmen allzu viel Zeit zu veranschlagen. Da Welpen nicht unbegrenzt konzentrations- und aufnahmefähig sind, reichen pro Tag 15 bis 30 Minuten gezielter Sozialisierungsgänge völlig aus. Übrigens: Hierzu zählt auch der gemütliche Besuch eines belebten Biergartens, der natürlich etwas länger ausfallen darf! Die wichtigsten Verhaltensweisen des Menschen bei allen Sozialisierungs-

gängen sind: Souveränität, Ruhe und Selbstsicherheit, denn Welpen orientieren sich sehr stark an der jeweiligen Stimmung ihres Menschen und richten sich in ihrem Verhalten danach. Daraus leitet sich ab, wie mit Angst und Schreck des Hundes umgegangen werden sollte, um ihm in seinem späteren Leben einen ruhigen und selbstsicheren Umgang mit seiner Umwelt zu ermöglichen. Zeigt der Welpe in irgendeiner Situation Angst, so darf keinesfalls beruhigend auf ihn eingeredet werden. So gut wie diese Worte gemeint sind, transportieren sie doch einen „weinerlichen Singsang", der dem Welpen das Gefühl gibt, es gäbe einen Grund für seine Angst. Aktive Zuwendung bei Unsicherheiten wirkt in der Regel immer

verhaltensverstärkend und beinhaltet die Gefahr, dass der Welpe bestimmten Dingen gegenüber Verhaltensauffälligkeiten oder gar - störungen entwickelt. Was also ist zu tun? Das Zauberwort heißt hier ein weiteres Mal Stimmungsübertragung. Sobald der Welpe vor etwas erschrickt oder sich evtl. gar insgesamt ängstlich zeigt, sollte der Mensch immer in völliger Ruhe einfach stehen bleiben und sich das „Angst einflößende" Objekt höchstinteressiert betrachten oder gänzlich ignorieren. Dabei ist es egal, ob es sich hierbei um einem vorbeipolternden LKW, einen rasanten, plötzlich auftauchenden Rad- fahrer, einen Rollstuhlfahrer oder Inline-Skater handelt. Bei Men- schen, die sich auf ungewöhnliche Weise bewegen oder in ihrem äußeren Erscheinungsbild nicht alltäglich sind, sollte man sich die Mühe machen, auf besonders freundliche Weise zu grüßen, um dem Welpen auf diesem Weg zu vermitteln, dass alles in Ordnung ist. Sträubt sich der Welpe aus Unsicherheit weiterzulaufen, so bleibt man einfach noch einen Moment wortlos stehen und setzt seinen Weg dann fort, wenn er sich wieder entspannt hat. Bei sehr belebten oder lärmenden Orten ist es sinnvoll, sich einfach eine Weile auf eine Bank in der Nähe zu setzen und den Welpen ohne Ansprache staunen zu lassen. Die Sozialisierung des Welpen kann und darf durchaus mit einer kleinen Entspannungsphase für den Menschen einhergehen! Doch nicht nur der Umgang mit Unsicherheit muss im Rahmen der Umweltsozialisation eindeutig sein. Da der Welpe auch lernen muss, sich in der Öffentlichkeit ruhig und unauffällig zu benehmen, sollte man häufig kleine Café- oder Restaurant- besuche einbauen. Dabei sollte der junge Hund möglichst wenig Ansprache und Aufmerksamkeit erhalten. Widmen Sie sich statt- dessen in Ruhe den Dingen, die Sie hier auch ohne Hund getan haben und weiterhin tun möchten. Lesen Sie Zeitung, entspannen Sie sich, genießen Ihren Kaffee oder Ihre Mahlzeit, unterhalten sich angeregt mit anderen usw.

Zeigt sich der Welpe unruhig und gar empört, stellen Sie einfach wortlos und ohne Hörzeichen (welches er ja wahrscheinlich unter starker Ablenkung noch gar nicht befolgt) den Fuß auf die Leine, sodass der Welpe bequem stehen, sitzen oder liegen, aber nicht an Ihnen oder anderen hochspringen kann. Agieren Sie hier völlig selbstverständlich und lesen weiter in Ihrer Zeitung. Welpen lernen sehr schnell, sich in solchen Situationen hervorragend anzupassen. Diese Fähigkeit ermöglicht es ihnen, später überallhin mitkommen zu dürfen und dabei höchstens durch ihr beispielhaftes Wohlverhal- ten aufzufallen. Die Anleitung dazu jedoch benötigen sie zunächst vom Menschen.

Bemühen Sie sich im Sinne einer sorg- fältigen Umwelt- sozialisation immer um eine selbstsiche- re Körpersprache.

Körperkontrolle

Im Rahmen der Umweltsozialisation soll der Hund lernen, sich an allen Stellen des Körpers vom Menschen anfassen und kontrollieren zu lassen. Ziel ist, später notwendige Maßnahmen wie Zeckenziehen, Augentropfen verabreichen usw. anzubahnen und außerdem dem Welpen ein gewisses Gefühl der körperlichen Überlegenheit des Menschen zu vermitteln. Gerade Letzteres ist bei dem Welpen aus verständlichen Gründen noch recht leicht. Der ausgewachsene Hund hingegen, der diese Erfahrung nicht gemacht hat, kann unter Umständen wesentlich schwieriger zu kontrollieren sein. Es empfiehlt sich, mit den entsprechenden Maßnahmen direkt in der ersten Woche nach der Übernahme zu beginnen. Zunächst sollte die täglich vorzunehmende Körperkontrolle in ruhiger Umgebung durchgeführt werden. Für die ersten Tage ist es empfehlenswert, eine Müdigkeitsphase des Welpen auszunutzen, in der dieser also ohnehin schon auf dem Boden oder auf seiner Decke liegt. Achten Sie darauf, sich dem jungen Hund keinesfalls in Hab-Acht-Stellung zu nähern, um nicht zu signalisieren, dass nun gleich etwas Außergewöhnliches vor sich geht. Ihre Ausstrahlung sollte von einer entspannten und selbstverständlichen Haltung sowie von souveränem Agieren geprägt sein. Drehen Sie den Hund leicht auf die Seite und untersuchen wortlos alle seine Körperteile: Schauen Sie in die Ohren, untersuchen seinen Bauch, heben Sie auch einmal die Lefzen an, um die Zähne zu betrachten, werfen Sie eine tiefen Blick in seine Augenlider. Es reicht in den ersten Tagen aus, diese Prozedur ein bis zwei Minuten dauern zu lassen. Absolut notwendig ist es jedoch

Frühzeitig regelmäßig und konsequent durchgeführt, wird der Hund mit solchen „Untersuchungen" auch später keine Probleme haben.

generell, die „Untersuchung" nur dann abzubrechen, wenn der Hund sich nicht unwillig zeigt, sondern die Kontrolle brav akzeptiert. Der Welpe darf im Rahmen dieser Kontrollmaßnahmen keinesfalls lernen, dass er sich dem Menschen durch Gezappel entziehen kann. Das wäre äußerst fatal, da junge Hunde beim Lernen sehr schnell verallgemeinern und unwilliges Verhalten, welches bereits zum Erfolg geführt hat, unter Umständen schließlich auf alle möglichen Situationen, in denen sie eine Einschränkung erfahren, übertragen. Sind Sie in der beschriebenen Weise mehrere Tage lang erfolgreich, so können Sie dazu übergehen, die Körperkontrolle am „ausgeschlafenen" Welpen vorzunehmen. Achten Sie in dieser Phase jedoch darauf, dass der Welpe nicht gerade zu aufgedreht oder zu abgelenkt ist, sondern lediglich normal oder leicht aktiv. Klappt dies gut, können Sie die Untersuchungen in einem dritten Schritt zeitlich noch um ein bis zwei weitere Minuten ausdehnen. Nach zwei bis drei erfolgreichen Wochen täglichen Übens sollte die Körperkontrolle auch einmal vorgenommen werden, wenn der Welpe gerade etwas aktiver ist. Sobald dies für den Hund zu einer Selbstverständlichkeit wird, kann man die tägliche Kontrolle auf ein bis zwei Mal pro Woche reduzieren, sollte sie aber auch weiterhin, vor allem während der Pubertät, regelmäßig durchführen.

Übungsplan zur Umweltsozialisation

Was?	Wie?	Wie oft? Wie lange?
Menschen	Der Welpe sollte neben Familie und Nachbarn auch weitere fremde, freundliche Menschen – natürlich unter Kontrolle des Besitzers – kennen lernen. Die eigenen Familienmitglieder reichen für eine optimale Sozialisierung nicht aus. **Besonders wichtig:** positive Kontakte zu Briefträger und Nachbarn! Haben Sie keine eigenen Kinder, so sollte der Kontakt zu Kindern aller Altersstufen systematisch gesucht werden. Es empfehlen sich Spaziergänge in der Nähe von Schulhöfen und Kindergärten (bitte nur an der Leine!), damit auch rennende und lärmende Kinder eine Selbstverständlichkeit werden. Gestatten Sie dabei auch, dass der Welpe sanft gestreichelt werden darf.	Mehrmals wöchentlich kurze Kontakte.
Körperliche Überlegenheit des Menschen	Drehen Sie den Welpen mindestens alle zwei Tage sanft, aber bestimmt auf den Rücken, damit die körperliche Überlegenheit des Menschen ein selbstverständlicher Bestandteil seines Weltbildes wird. Er soll Ihnen dabei seinen Bauch zeigen und wenigstens ein paar Sekunden ohne Protest liegen bleiben. Zappelt er und wehrt er sich, halten Sie ihn ruhig, aber bestimmt fest, ohne beruhigend auf ihn einzureden. Bei den ersten Versuchen muss keine endlose Geduld verlangt werden; nach bereits wenigen „Ruhesekunden" können Sie den Welpen mit einem kurzen Lob wieder loslassen.	In den ersten Wochen alle zwei bis drei Tage ein paar Sekunden; kann dann bis zu etwa 20 bis 30 Ruhesekunden gesteigert werden. Ab dem 4. Lebensmonat noch etwa ein Mal pro Woche.
Jogger Fahrradfahrer	An der Leine Orte aufsuchen, an denen häufig Jogger und Radfahrer sind, und dort spazieren gehen. Selbst allen vermeintlichen Reizen freundlich und mit hoher Selbstverständlichkeit begegnen. Jeder Ansatz zum Hinterherspringen oder Anbellen sollte sofort unterbunden werden (siehe Antijagdtraining, **NEIN**).	Mehrmals wöchentlich kurze Gänge von etwa 10 Minuten.
Körperkontrolle/ Körperpflege	Der Welpe soll lernen, sich an allen Stellen anfassen zu lassen: an den Geschlechtsteilen, den Augen (Unterlid leicht herunterziehen, lassen Sie es sich vom Tierarzt zeigen!), im Zahn- und Rachenraum, an den Pfoten usw. Alle Rassen sollten das ausgiebige Bürsten am ganzen Körper kennen lernen, vor allem mittel- und langhaarige Rassen müssen intensiv daran gewöhnt werden, auch dass es einmal ziepen kann! Rassen, die später getrimmt und/oder geschoren werden müssen, sollten jetzt einen ersten, rein positiv besetzten Besuch im Hundesalon machen! Sodann ist die Gewöhnung an das Geräusch der Schermaschine, besonders im Kopfbereich, unbedingt erforderlich. Egal, in welcher Jahreszeit Sie Ihren Welpen aufziehen, er muss lernen, sich geduldig die Pfoten waschen und abtrocknen zu lassen. Im Sommer sollten Sie ihn zusätzlich einmal baden (ohne Shampoo oder mit Hundeshampoo).	Körperkontrolle in den ersten Wochen möglichst täglich, ebenso Bürsten und Pfotensäubern. Wird dies vom Welpen geduldig akzeptiert, reicht im weiteren Verlauf ein Mal pro Woche. Bei Besuchen im Hundesalon ebenso verfahren, wie bei Tierarztbesuchen, also möglichst immer auch mit positiven Erfahrungen besetzen.

Was?	Wie?	Wie oft? Wie lange?
Hunde	Der regelmäßige Besuch einer kontrolliert geführten Welpenspiel-stunde ist unerlässlich. Dabei sollte der Welpe möglichst nur auf Hunde treffen, die seiner Altersstufe entsprechen. Sie sollten bis zum ersten Besuch einer Welpenspielgruppe nicht warten, bis der volle Impfschutz greift, denn dies ist erst ab ca. der 14. Lebenswoche der Fall. Was bis zu diesem Zeitpunkt jedoch in puncto Sozialisierung auf Artgenossen verpasst wurde, kann der Hund nie wieder aufholen, und er wird mit großer Sicherheit seelische Schäden davontragen. Doch auch der Kontakt zu älteren Hunden – möglichst aller Alters-stufen – ist wichtig. Je vielfältiger diese in Rasse oder Mischung und Größe sind, desto besser. Doch ist dringend darauf zu achten, dass es sich hierbei um wesensfeste Hunde handelt, die Welpen mögen oder deren evtl. Zurechtweisungen immer angemessen ausfallen.	Möglichst täglich 10 bis 30 Minuten Hundekontakt mit verschiedenen Hunden. Besuch einer kontrollierten Welpenspielgruppe mit Welpen derselben Alters-stufe mindestens ein Mal wöchentlich.
Andere Tiere	Ihr Welpe sollte möglichst viele Tierarten kennen lernen, die auch im menschlichen Alltag eine Rolle spielen oder spielen können, zum Beispiel: Katzen Kühe Pferde Schafe, Ziegen, etc. Kleine Haustiere wie Kaninchen, Meerschweinchen (evtl. bei Nachbarn besuchen) Vögel (Tauben, Enten, Schwäne etc.) Wild, z. B. Rehe, Hasen, Wildschweine **Achtung!** Für alle Tiere gilt: Kapitel Antijagdtraining beachten! Manche Tierparks/Zoos erlauben auch das Mitbringen von Hunden an der Leine.	So oft, bis der Welpe diese Tiere nicht mehr als unge-wöhnlich empfindet! Bitte beachten Sie dabei das sich eventuelle Entwickeln von Jagdverhalten sowie den entsprechenden Umgang damit (S. 150). **Achtung!** Muss mindestens das komplette 1. Lebens-jahr in jeder Entwicklungs-stufe getestet werden (alle zwei bis drei Wochen).
Größere Men-schenmengen/ Fußgängerzone/ Marktplatz	Suchen Sie größere Menschenmengen auf. Besonders empfehlen sich verkehrsberuhigte Fußgängerzonen. Setzen Sie sich gemütlich auf ei-ne Bank o. Ä. und lassen Ihren Welpen (bitte immer nur an der Leine!) einfach nur schauen. Achten Sie darauf, dass der Welpe nicht getreten oder gerempelt wird. Er soll schließlich ausschließlich positive Erfahrungen sammeln! Not-falls können Sie ihn ruhig auf den Arm nehmen, wenn das Gedränge zu groß wird, doch möglichst, bevor er Unsicherheit zeigt!	Zwei bis drei Mal wöchent-lich, ca. 10 bis 20 Minuten.
Verkehr	Der Welpe soll sich bei ruhigem Verkehr ebenso sicher fühlen wie bei starkem. Daher sollte man an der kurzen Leine regelmäßig auch be-lebte und stark befahrene Straßen entlanglaufen. Machen Sie keinen Bogen um große Lastwagen, Baumaschinen, Tre-cker, Müllautos, Straßenkehrmaschinen etc., sondern nutzen Sie diese Reizquellen, um Ihren Welpen umweltfest zu machen.	Mindestens drei Mal pro Woche, ca. 10 Minuten.

Was?	Wie?	Wie oft? Wie lange?
Geräuschquellen	Machen Sie Ihren Welpen auch mit lauten Alltagsgeräuschen vertraut (in einiger Entfernung Luftballons platzen lassen, dickes Buch fallen lassen usw.), Staubsauger, sonstige Haushaltsmaschinen etc.	Mehrmals wöchentlich, behutsam anfangen und langsam steigern.
Busfahren	Unternehmen Sie eine Busfahrt mit dem Welpen. Ganz kleine Welpen dabei besser auf den Arm nehmen, motorisch gut entwickelte Junghunde können angeleint schon selbstständig ein- und aussteigen.	Zwei Mal monatlich.
Bahnhof	Setzen Sie sich an einen Bahnsteig und bleiben solange, bis der Welpe Gelegenheit hatte, mehrere ein- und ausfahrende Züge auf sich wirken zu lassen und diese relativ gelassen hinnimmt. Je jünger der Welpe dabei ist desto besser.	Zwei Mal monatlich ein Besuch am Bahnhof.
Brücken	Benutzen Sie so oft wie möglich kleine und große Brücken. Es empfehlen sich Fußgängerbrücken über Autobahnen und Schnellstraßen, Brücken über Bäche und Flüsse etc.	So oft wie möglich in die täglichen Spaziergänge mit einbauen.
Aufzüge	Kann besonders gut bei Stadtbesuchen geübt werden, da jedes Park- oder Kaufhaus Aufzüge besitzt.	Möglichst ein Mal pro Woche.
Einkaufszentrum Flughafen	Die ungewöhnliche Atmosphäre dieser Orte bietet einen guten Sozialisationsraum: glatte Böden, viele Menschen, künstliches Licht, ungewohnte Geräusche und Gerüche etc. Wiederum gilt: je jünger der Welpe desto besser, im dichten Gedränge den Welpen besser auf den Arm nehmen oder sich eine Bank am Rand suchen und den Welpen schauen lassen.	Möglichst mindestens drei bis vier Mal bis zur 16. Lebenswoche.
Verschiedene Böden	Achten Sie darauf, dass der Welpe mit verschiedenen Bodenflächen vertraut gemacht wird: glatten und rauen Böden, Gitterroste (schwierig!) usw.	So oft wie möglich – jede Situation auf den täglichen Spaziergängen oder Sozialisationsgängen nutzen.
Treppen	Welpen sollten während der ersten Lebensmonate Treppen lediglich laufen, um diese kennen zu lernen und dazu genügen drei bis vier Stufen am Stück. Damit beugt man Gelenkerkrankungen durch Überbeanspruchung vor, kann aber dennoch gewährleisten, dass der Hund Treppen als normal empfinden lernt. Dabei sollte er verschiedene Treppen (glatte, raue, offene, usw.) kennen und bewältigen lernen. Freudiges Lob und Leckerchen sind dabei eine gute Hilfe. Bitte beachten Sie, dass Rolltreppen zu gefährlich sind. Hier muss man entweder einen Umweg in Kauf oder den Hund auf den Arm nehmen.	Ein bis zwei Mal pro Woche nur wenige Stufen.
Restaurant/ Café/Biergarten	Nach einem kleinen Spaziergang sollten Sie öfters einmal eine Gaststätte oder ein Café aufsuchen. Stellen Sie, nachdem Sie Platz genommen haben, den Fuß auf die Leine, sodass der Welpe bequem sitzen, stehen oder liegen, aber nicht herumlaufen kann. Beachten Sie den Hund während Ihres Aufenthalts möglichst nicht und ignorieren evtl. Betteleien, so lernt er, sich in ähnlichen Situationen unaufdringlich und ruhig zu verhalten.	Möglichst mindestens ein Mal pro Woche, 20 bis 30 Minuten (im weiteren Verlauf auch länger).
Dunkelheit	Kleine Spaziergänge an der kurzen Leine, bei denen der Welpe fremden Menschen begegnet, die auch unvermittelt und plötzlich hinter Häuserecken u. Ä. auftauchen können, sowie kurze Gänge an verkehrsreichen Straßen sollten auch in der Dunkelheit regelmäßig vorgenommen werden.	Mehrmals pro Woche, jeweils 10 bis 15 Minuten.

Die Grundpfeiler einer ganz-heitlichen Welpenerziehung

Erziehung ist mehr als SITZ, PLATZ und KOMM

Die eigentliche Erziehungsarbeit

Wie man zusammenlebt, ist entscheidend

Für das nun folgende Kapitel möchten wir Sie um eine ganz besonders sorgfältige Lektüre bitten. Diesen etwas pathetischen Ton möge man uns verzeihen: Wir schlagen ihn deswegen an, weil nach unserer Erfahrung und Meinung nur eine ganzheitliche Erziehung befriedigende Ergebnisse nach sich zieht, und eine isolierte Konzentration auf bestimmte Übungen zwar beim jungen Welpen zunächst oft noch erstaunlich gut anschlägt. Spätestens jedoch im Halbstarkenalter, wenn der Hund selbstständiger und selbstbewusster wird, sind die schnellen Anfangserfolge, von denen man sich nur zu oft blenden lässt, rasch dahin. Einen Hund zu erziehen, bedeutet vor allem – wie schon mehrfach angedeutet – eine bestimmte Haltung einzunehmen und diese dem Tier im Alltag konsequent und zu allen Tageszeiten entgegenzubringen. Erziehung ist mehr als eine Ansammlung von Übungen und eine bloße Konditionierung auf bestimmte Signale. In diesem Buch ist viel die Rede davon, auf welche Weise man einem Welpen bestimmte Dinge, wie z. B. **KOMM**, eine zuverlässige Orientierung, **SITZ**, **PLATZ** usw. unter Ausnutzung seines natürlichen Verhaltens beibringen kann. Das Lernen dieser Dinge ist ganz unbestritten von großer Bedeutung, weswegen wir den „klassischen" Erziehungsübungen und -themen auch so großen Raum gegeben haben. Dennoch sollte man die genannten Bereiche auf keinen Fall für das halten, was Hundeerziehung ausmacht, es handelt sich hier eher um Teilbereiche oder Beiwerk.

Die eigentliche Erziehungsarbeit, die schließlich dazu führt, dass alle Hörzeichen vom Hund nicht nur erlernt, sondern auch respektiert und in schwierigen Situationen befolgt werden, muss in den eigenen vier Wänden stattfinden. Warum das so wichtig ist, lässt sich recht einfach erklären. Die meiste Zeit des Tages verbringt man mit dem Welpen zu Hause. Das bedeutet natürlich, dass hier der größte Teil der Kommunikation mit dem Hund stattfindet, die auch dann vor sich geht, wenn man sich dessen gar nicht bewusst ist. Es ist so, wie es ein bekannter, kürzlich verstorbener Kommunikationsforscher einmal formuliert hat: Man kann nicht nicht kommunizieren. Im Rahmen des Kommunikationsfeldes „Wohnung/Haus/Garten" also lernt der Welpe, die grundsätzlichen Erziehungsfähigkeiten seines Menschen einzuschätzen. Erfährt er hier nun einen Laisser-faire-Stil, bei dem Grenzen nur im Notfall zur Rettung des viel zitierten Perserteppichs gesetzt werden, wird er die generellen

Führungsqualitäten seiner Hauptbezugspersonen sehr schnell anzweifeln lernen. Man kann von keinem Hund der Welt ernsthaft erwarten, dass er sich bei völliger Bewegungs- und Entscheidungsfreiheit im Haus draußen folgsam und brav zeigt und die Hör-

zeichen seines Menschen, die oft genug seinen Eigeninteressen entgegenlaufen, auf Dauer zuverlässig befolgen wird. Stellen Sie sich (entweder Ihre eigenen oder die von Bekannten) Kinder vor, die im Haus der Eltern zu allem, was für sie generell und momentan von Interesse ist, unregulierten Zugang haben: zum Süßigkeitenschrank, zum Computer mit allen dazugehörigen Spielen, zum Fernseher und zur DVD-Sammlung, zum elterlichen Geldbeutel sowie zu anderen Dingen, die eindeutig nicht ihnen gehören. Die Auswüchse eines solchen Szenarios wären derartig schreckenerregend, dass alle vernünftigen Eltern Grenzen setzen und damit nicht nur dem Rest der Umwelt, sondern auch ihren eigenen Zöglingen einen großen Gefallen tun. Selbstverständlich wird Ihr Hund Ihnen keine Banknoten aus dem Portemonnaie klauen, denn seine Interessen sind ganz anders gelagert. Doch auch er hat wie jedes soziale Lebewesen Wünsche, Bedürfnisse und Ansprüche, die in geregeltem und kontrolliertem, aber keinesfalls komplett selbstbestimmtem Rahmen befriedigt werden sollen. Die Unterpunkte dieses Kapitels sollen

Die Hausleine gestattet dem Menschen, während der Mahlzeiten das souveräne Ziehen von Grenzen.

Ihnen die Möglichkeit geben, den soliden Rahmen für eine ganzheitliche Welpenerziehung im eigenen Heim zu schaffen und den in diesem Buch aufgeführten klassischen Erziehungsübungen ihren isolierten Charakter nehmen, denn nur ein ganzheitlich erzogener Hund ist ein wirklich gut erzogener Hund, der in allen Lebenslagen die angenehmen Seiten des „Hundelebens", wie Freilauf usw., genießen kann. Übrigens: Die beschriebenen Alltagsbeispiele haben nicht nur einen ganzheitlichen und langfristig erzieherischen Nutzen, sondern auch einen ganz unmittelbar praktischen. So sind sie beispielsweise hervorragend geeignet, die Entwicklung des Belleifers von Hunden in akzeptable Bahnen zu lenken. Erwachsene Hunde, die selbst bestimmen, wann, wie oft und wie lange sie bellen, wenn es an der Tür klingelt oder ein Geräusch zu hören ist, haben sehr häufig auch ansonsten innerhalb des häuslichen Bereichs völlige Bewegungsfreiheit.

Hausstandsregeln für den Welpen

Durch sogenannte Hausstandsregeln sollte man den Welpen so früh wie möglich nach der Übernahme an gewisse Regeln des Alltags gewöhnen. Sobald Sie das Gefühl haben, dass der Welpe sich akklimatisiert hat und einen unbefangenen und fröhlichen Eindruck macht, was normalerweise spätestens am dritten Tag der Fall sein sollte, können Sie mit der Etablierung der Hausstandregeln beginnen. Die folgenden Beispielsituationen sind übrigens keineswegs willkürlich gewählt, sondern orientieren sich daran, was für den Hund wichtig ist, denn sein Gesamtverhalten ist es, das positiv beeinflusst werden soll.

Verhalten während des Essens

Während des Essens sollte der Mensch dem Welpen eine gewisse Individualdistanz abverlangen. Nahrungsressourcen sind für Hunde von ganz existenzieller Bedeutung, egal ob ein Tier nun verfressen ist oder nicht. Indem Sie, während Sie eine Mahlzeit einnehmen, vom Hund einen gewissen Abstand zum Tisch oder einfach zu Ihrer Person verlangen, unterstreichen Sie Ihren Status und machen dem Welpen klar, dass seine Bewegungsfreiheit nicht zu allen Zeiten des Tages grenzenlos ist. Um dies durchzusetzen, können Sie am Körbchen des Hundes oder an einem anderen Schlafplatz, der sich allerdings in Sichtnähe zum Esstisch befinden muss, eine Hausleine befestigen. Während Ihrer Mahlzeiten kann der Welpe dort befestigt werden, ohne dass er Hörzeichen wie **GEH AB** oder **AUF DIE DECKE** (siehe auch „Das Kosmos-Erziehungsprogramm für Hunde") ignorieren kann, die er ja in der Regel auch noch gar nicht beherrscht. Der Abstand zum Menschen beim Essen sollte in jedem Fall mindestens ein bis zwei Meter betragen. Nach dem Essen ist dringend darauf zu achten, den Welpen dann loszubinden, wenn er sich völlig ruhig verhält (und sei es nur für wenige Sekunden), da er sonst das falsche Signal bekommt, dass z. B. Fiepen eine geeignete Strategie ist, seinen Menschen zu bestimmten Handlungen zu veranlassen. Der Hund kann nämlich nicht wissen, dass Sie ihn evtl. ohnehin gerade losbinden wollten, und wird seine Unruhe mit Ihrer Handlung verknüpfen. Das Nicht-Einhalten eines Abstandes bei Restaurantbesuchen ist bei sonstiger erzieherischer Konsequenz übrigens überhaupt kein Problem.

Füttern nach dem Essen

Parallel dazu sollte der Welpe – sofern es zeitliche Überschneidungen gibt – gefüttert werden, nachdem der Mensch gegessen hat. Keinesfalls dürfen Futterbetteleien des Welpen damit belohnt werden, dass er etwas vom Tisch oder aus der Hand bekommt, was ursprünglich nicht für ihn vorgesehen war. Bleibt einmal etwas für das Tier Verträgliches, wie z. B. Reis, bei den Mahlzeiten übrig, so kann man dies zu den üblichen Fütterungszeiten unter das Hundefutter mischen.

Nichts für Umsonst

Bei Leckerchen, Kaustangen o. Ä. sollte nach dem Prinzip „Nichts für umsonst" verfahren werden. Leider werden Welpen und erwachsene Hunde immer wieder völlig unmotiviert mit Häppchen bedacht, verlieren so die Fähigkeit zu unterscheiden und entwickeln unter Umständen eine lästige Anspruchshaltung. Möchten Sie dem Welpen außerhalb der klassischen Erziehungsübungen etwas zukommen lassen, so geben Sie zuvor ein kleines Hörzeichen, wie **KOMM** oder **SITZ**.

Die Lage des Schlafplatzes

Der Schlaf- oder Liegeplatz des Welpen sollte sich möglichst nicht in unmittelbarer Nähe der Haustür befinden. Vor allem bellfreudige und von Haus aus wachsame Exemplare können dadurch in ihrem Eifer, das Territorium eigenständig zu kontrollieren, ungewollt stark unterstützt werden.

Tabuzonen schaffen

Generell sollten Bett, Sofa oder sonstige erhöhte Liegeplätze (auch ein eigenes Hundesofa gehört dazu) für den Welpen eine Tabuzone darstellen. Der Zugang zu erhöhten Liegeplätzen kann sich sehr

Durch das konsequente Tabuisieren bestimmter Räume lernt der Welpe, dass Grenzen natürlicher Bestandteil des Lebens sind.

negativ auf die Erziehungsbereitschaft, oftmals erst in der Pubertät, auswirken. Ob es der erhöhte Platz ist, durch den der Hund sich evtl. privilegiert fühlt, oder die freie Entscheidungsmöglichkeit, sich prinzipiell dorthin legen zu können, wo er es für angemessen hält, lässt sich dabei nur schwer beantworten. Ist Ihr Welpe einmal gänzlich erwachsen und sein Erziehungsstand dabei rundherum zufriedenstellend, ist gegen gelegentliche Ausnahmen, die jedoch ausschließlich auf Initiative des Menschen und nicht des Hundes stattfinden sollten, nichts einzuwenden. Bemerkt man hingegen eine Verschlechterung des „Hörvermögens", empfiehlt es sich, solche Sonderrechte wieder einzustellen.

Kein Liegen im Weg

Welpen – und auch erwachsene Hunde – lieben es, an strategisch wichtigen Plätzen, wie dem Eingangsbereich oder der Küche, mitten im Weg zu liegen. So verständlich das Anliegen, immer alles zum rechten Zeitpunkt sofort mitzubekommen, sein mag: Fordern Sie den Welpen mit ruhiger Stimme gelegentlich auf, aus dem Weg zu gehen, sofern Sie an dieser Stelle vorbei müssen, anstatt rücksichtsvoll über ihn zu steigen. So lernt er, dass Sie das Recht haben, seine „Okkupation" gewisser Stellen jederzeit aufzuheben. Schließlich sind Sie es, der die Miete bezahlt.

Taburäume etablieren

Etablieren Sie Taburäume, die der Welpe nicht betreten darf. Dabei geht es ein weiteres Mal darum, dem Hund keine generelle Bewegungsfreiheit zu suggerieren, die man ihm in der Welt draußen ohnehin nicht einräumen kann. Sofern der Hund nicht in der Küche gefüttert wird, empfiehlt sich dieser Raum besonders, da hier für den Welpen schon allein geruchlich Attraktives schlummert. Anderenfalls empfehlen sich Bad und Toilette, Kinderzimmer und Arbeitszimmer, um dem Welpen zu verdeutlichen, dass es Grenzen im Leben gibt.

Keine Drängeleien

Dulden Sie keine Drängeleien an der Tür oder auf der Treppe. Natürlich möchte der Welpe gerne schnell hinaus, was ihm ja auch gewährt werden soll, doch kann das noch lange kein Grund sein, dabei jedermann anzurempeln. Ist der Welpe einmal ausgewachsen, kann ein gehöriger Stoß in die Kniekehlen unangenehme Folgen für den Menschen haben. Haben Sie schon einmal beobachtet, wie wenig erwachsene Hunde in der Regel Zudringlichkeiten und Rempeleien von anderen Vierbeinern dulden? Auch bei großer Aufregung, muss der Welpe lernen ein gewisses Maß an Selbstbeherrschung an den Tag zu legen und Respekt vor der Individualdistanz von Zweibeinern zu haben.

Sobald Sie das Haus nun also verlassen möchten, sollten Sie die Tür immer nur einen winzigen Spalt weit öffnen, damit der Welpe nicht vor Ihnen hinausstürzt und Sie an der Leine mit sich reißt. Halten Sie energisch Ihr Bein zwischen Welpen und Tür und schließen die Tür sofort wieder, sobald sich der Hund zu stürmisch zeigt. Nehmen Sie sich ausreichend Zeit, öffnen die Tür erneut einen kleinen Spalt und warten, ob der Welpe Ihnen nun den Vortritt lässt. In den ersten Tagen werden Sie einige Anläufe brauchen, bis Sie hinauskommen. Das macht nichts, dieser kleine Aufwand lohnt sich allemal, und der Welpe lernt, dass er sich bei aller Vorfreude auch zügeln muss.

Verhalten auf der Treppe

Ähnlich sollte man auf Treppen außerhalb der Wohnung verfahren. Erfahrungsgemäß ist auch dies ein Bereich, bei dem viele Hunde selbst an der Leine völlige Bewegungsfreiheit haben und bestimmen, wo und in welchem Tempo sie laufen möchten. Nicht selten kommt es dabei für den Menschen zu schlimmen Sturzunfällen. Fassen Sie die Leine sehr kurz, halten Ihre Hand dabei hinter dem Rücken und laufen eng an der Wand oder dem Geländer entlang. So muss der Welpe hinter Ihnen laufen und hat keine Möglichkeit, das Tempo vorzugeben. Versucht der Hund an Ihnen vorbeizudrängeln, so fassen Sie die Leine noch kürzer, bleiben stehen und versperren ihm mit dem Bein den Weg. Bewegen Sie sich ruhig und gemächlich, ohne sich drängen zu lassen.

Ein- und Aussteigen am Auto

Kontrollieren Sie den Eifer des Welpen auch beim Ein- und Aussteigen am Auto. Viele Hunde entscheiden auch hier ganz selbstständig, was zu sehr gefährlichen Situationen führen kann. Halten Sie die Leine beim Öffnen des Wagens vor dem Einsteigen recht kurz, so dass der Welpe zunächst abwarten muss. Ist die entsprechende Tür geöffnet, so verlangen Sie noch einen kleinen Augenblick Geduld.

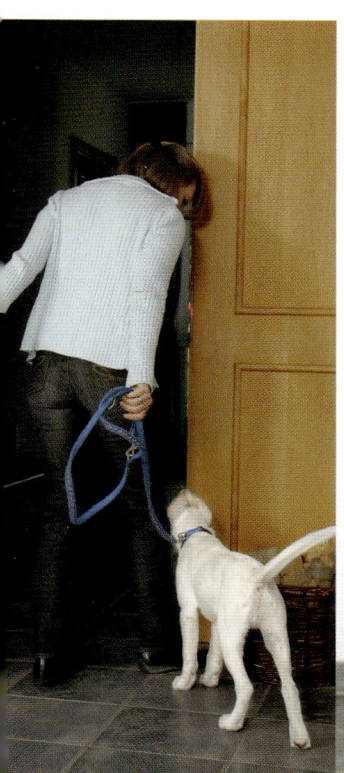 

Nehmen Sie sich für diese „Geduldsprobe" immer ausreichend Zeit, es lohnt sich!

Sofern der Hund schon **SITZ** beherrscht, können Sie auch eine kleine Sitzübung mit einbauen. Erst auf Ihr Signalwort (z. B. **HOPP**) darf der Hund einsteigen. Sollte er das Warten auf Ihr Signal einmal „vergessen" haben, holen Sie ihn ohne Umstände wieder aus dem Auto, schließen die Tür und beginnen das Ritual erneut. Beim Aussteigen aus dem Wagen empfiehlt es sich, die Tür zunächst nur einen winzigen Spalt zu öffnen. Zeigt sich der Welpe nun ungeduldig, wird die Tür wieder verschlossen. Öffnen Sie die Autotür bzw. -klappe erneut sehr vorsichtig und schrittweise, sodass auf jeden Fall gewährleistet ist, dass Sie Leine oder Halsband des Hundes zu greifen bekommen, solange dieser noch im Wagen ist. Erst dann sollte die Tür komplett geöffnet, vom Welpen aber noch einen Moment Geduld verlangt werden. Wenn Sie möchten, können Sie in dieser Situation das Signalwort **WARTE** oder **BLEIB** verwenden, dann aber muss gewährleistet sein, dass der Hund dies nicht „überhört", dennoch hinausspringt und das Wort damit ignorieren lernt. Warten Sie mit dem befreienden **HOPP** in jedem Fall noch eine Weile, nachdem die Tür ganz geöffnet wurde, dann wird der Welpe – bei entsprechender konsequenter Regelmäßigkeit – gar nicht auf die Idee kommen, dass man aus einer geöffneten Autotür einfach ohne Weiteres herausspringen darf.

Zeigen Sie dem Welpen durch eine deutliche Körpersprache, dass er nicht ohne Hörzeichen aussteigen darf. Solange er noch klein ist, sollte er außerdem stets hinein- bzw. hinausgehoben werden.

Manipulationsverhalten

Was ist Manipulationsverhalten?

Unkontrollierte Bewegungsfreiheit im häuslichen Bereich ohne Tabuzonen machen den Weg zum wohlerzogenen Hund häufig schwer bis unmöglich. Es gibt jedoch noch einen weiteren Punkt, der innerhalb der täglichen Kommunikation eine große Rolle spielt und damit einen gewichtigen Baustein innerhalb der ganzheitlichen Hundeerziehung darstellt. Den meisten Hundebesitzern ist wenig bewusst, mit welcher Regelmäßigkeit ihre Vierbeiner im Alltag bestimmte Wünsche und Forderungen „formulieren", denen sie dann prompt oder mit leichter zeitlicher Verzögerung nachkommen. Es handelt sich dabei immer um ganz hundetypische Interessen.

Ein Beispiel aus der Praxis

Zur Verdeutlichung möchten wir ein kleines, exemplarisches Fallbeispiel anführen, bei denen alle zwei- und vierbeinigen Beteiligten selbstverständlich unkenntlich gemacht worden sind. Jagdhundmischling Max, 8 Monate alt, hat begonnen, auf Spaziergängen kurz zu verschwinden. Seine Besitzerin, Frau W., verordnet ihm sofort ein Schleppleinentraining, erreicht jedoch keine Besserung des Verhaltens und bittet uns um einen Hausbesuch. Dabei setzen wir uns zunächst gemeinsam an den Tisch und unterhalten uns. Wir nutzen das Gespräch, um zu beobachten, wie Frau W. und ihr Max im häuslichen Umfeld miteinander kommunizieren. Frau W. hat von uns keinerlei Verhaltensinstruktionen bekommen, da wir ein möglichst

Info
Von der Bedeutung der eindeutigen Idolfunktion

In der Regel nimmt sich innerhalb einer mehrköpfigen Familie, in die ein Welpe einzieht, schon aus rein zeitlichen Gründen vorwiegend eine Person der Erziehung an. Die- oder derjenige, der die meiste Zeit des Tages mit dem Hund verbringt, sollte auch am besten über alle Erziehungsprinzipien Bescheid wissen und diese sowohl dem Tier als auch den übrigen Familienmitgliedern vermitteln. Damit jedoch der Hund lernen kann, sich eindeutig zu verhalten, müssen alle Erwachsenen (von Kindern und Hunden lesen Sie bitte S. 70) auch eine eindeutige und einheitliche Idolfunktion einnehmen, was ganz schlicht bedeutet, dass alle sich an dieselben Regeln halten müssen und nicht der eine die Autorität des anderen untergraben darf. Da man die meiste Zeit mit dem Hund zu Hause verbringt, ist die einheitliche Befolgung bestimmter Regeln und Abläufe nicht nur für die klassischen Erziehungsübungen wichtig, sondern vor allem bei der Kommunikation mit dem Hund innerhalb der eigenen vier Wände.

Der konstruktive Umgang mit manipulativem Verhalten sowie das Setzen von Grenzen im Haus ...

unverfälschtes und realistisches Bild haben möchten. Max ist ein sehr freundliches, lebhaftes Tier, welches mit hoher Aufmerksamkeit auf seine Außenwelt reagiert. Während uns Frau W. von Max' Kindheit erzählt, setzt dieser sich direkt neben sie und legt seinen Kopf auf ihr Knie, woraufhin Frau W. den Hund zu streicheln beginnt. Nach einer Weile hat Max genug und begibt sich zu seinem Korb, aus dem er ein Gummitierchen fischt. Er bringt es seinem Frauchen und legt es gekonnt auf ihrem Schoß ab. Frau W. unterbricht ihre Erzählung kurz, nimmt Blickkontakt zu Max auf, der legt seinen Kopf schief, woraufhin Frau W. das Spielzeug gedankenverloren wegwirft. Max bringt sein Tierchen zu Frau W. zurück, sie wirft es erneut weg, dies Prozedere wiederholt sich noch einige Male. Unser Gespräch können wir aber recht ungestört fortsetzen. Ich bitte Frau W. um ein Glas Wasser, sie geht in die Küche, ich folge ihr, ebenso Max. Max bezieht Posten vor einem ganz bestimmten Schrank. Ich frage harmlos, ob dort Leckerchen aufbewahrt werden. Frau W. bejaht, blickt Max an, der begeistert wedelt, sie öffnet besagten Schrank, nimmt eine kleine Kaustange heraus, die sie Max gibt. Dann bekomme ich mein Wasser. Auf dem Weg zurück ins Wohnzimmer kommen wir an der Terrassentür vorbei. Max stellt sich davor, schaut Frau W. an und wedelt erneut mit dem Schwanz. Frau W. öffnet die Terrassentür, die sie hinter dem Hund wieder schließt. Nach einigen Minuten klingelt es. Max bellt von draußen und kratzt leicht an der Terassentür. Frau W. steht auf, um die Haustür zu öffnen, kommt an der Terrassentür vorbei, öffnet zunächst diese und Max läuft zur Wohnungstür. Eine Nachbarin hatte ein Paket angenommen, das sie Frau W. übergeben will. Frau W. bittet ihre Nachbarin kurz herein, da sie ihr ein geliehenes Buch zurückgeben möchte. Max verfolgt die beiden gutgelaunt, sie bleiben vor dem Bücherregal stehen, um sich kurz zu unterhalten. Max steht direkt daneben und berührt dabei die Hand seiner Besitzerin leicht. Diese schaut kurz zum Hund, tätschelt seinen Kopf und begleitet ihre Nachbarin schließlich nach draußen. Wir sitzen wieder gemeinsam am Tisch und können unser Gespräch fortsetzen. Zu diesem Zeitpunkt befanden wir uns etwa 20 Minuten in der Wohnung. Was war passiert? Max hatte innerhalb sehr kurzer Zeit mehrfach bestimmte, für ihn sehr wichtige Dinge von Frau W. eingefordert. Diese hatte alle Wünsche ihres Hundes sehr folgsam erfüllt, weil ihr dies keine Mühe machte und sie Max' Forderungen auch nicht als störend empfand. Wir machten Frau W. klar, dass man von einem Hund nicht erwarten könne, in den wenigen Stunden, die man draußen mit ihm verbringt, zuverlässig auf Hörzeichen von Personen zu reagieren, die ihrerseits alle oder die meisten „Kommandos" des Hundes im Haus tagtäglich befolgen. Der überaus liebenswerte und hübsche Max war trotz seines noch recht zarten Alters schon ein klassischer trainierter Gewinner. Max' Beispiel ist zur Verdeutlichung dessen, was unter hundlichem Manipulationsverhalten zu verstehen ist, so passend, weil es außerordentlich typisch ist und in dieser oder einer ähnlichen Weise auch von Welpen bereits nach wenigen Wochen bei ihren neuen Besitzern nicht nur erlernt, sondern auch erfolgreich angewandt wird.

... sind die Basis jedweden Erfolges bei den sogenannten klassischen Erziehungsübungen.

Leider sind auch die Auswirkungen ähnlicher Natur wie im geschilderten Fall und ein junger Hund, der bereits von Welpenbeinen an erfährt, dass sein Mensch manipulierbar ist, hinterlässt oft ratlose Besitzer, die sich nicht erklären können, warum ihr Hund trotz Welpenerziehungskurs und anderer Bemühungen, gerade in Situationen, in denen es darauf ankommt, nicht hören will.

Ignorieren Sie Ihren Hund!

Aus diesem Grund möchten wir allen Welpenbesitzern den „Baustein" Manipulationsverhalten mit entsprechenden Verhaltensvorschlägen besonders ans Herz legen. Zu den typischen Bereichen, in denen bereits Welpen versuchen, das Verhalten des Menschen in die gewünschte Richtung zu lenken, gehören in erster Linie Strei-

Wer Zeitpunkt und Dauer von Kontaktaufnahmen jeglicher Art regelmäßig selbst bestimmt, leistet einen großen Beitrag zum ganzheitlich erzogenen Hund.

cheln, Schmusen, Körperkontakt, Ansprache und Blickkontakt, Spielen, Fütterung sowie Gabe von Leckerchen oder Kauknochen, der Zugang zu Balkon, Terrasse und Garten und der Aufbruch zum Spaziergang. Auch aufmerksamkeitsheischendes Verhalten, sobald Besuch kommt, ist hier zu nennen. Um den Hund nicht systematisch zu einem trainierten Gewinner zu machen, sollte man Aufforderungen, ihn zu streicheln, anzusprechen, mit ihm zu spielen, ihm einen Kauknochen zu geben oder jetzt doch einmal die Terrassentür zu öffnen, in der Regel einfach „übersehen". Das Zauberwort heißt Ignoranz und ist im übrigen eine der Hauptverhaltensweisen ranghoher Wölfe eines Rudels ihren Artgenossen gegenüber. Wie also konkret reagieren? Der Welpe bringt sein Spielzeug und legt es ihnen zu Füßen, er legt seinen Kopf auf ihren Schoß und schaut sie an, er berührt ihre Hand und bettelt um Streicheleinheiten, er läuft zur Balkontür und wirft ihnen einen Blick zu, obwohl er gerade draußen war, er setzt oder legt sich ganz nah an Sie und sucht Körperkontakt usw. Sie haben mehrere Möglichkeiten dem Hund Ihre souveräne Ignoranz entgegenzuhalten. Drehen Sie ihm den Rücken zu oder verschränken die Arme und schauen in eine andere Richtung. Stehen Sie wortlos auf, beschäftigen sich mit einer völlig anderen Sache oder tun Sie einfach gar nichts. In jedem Fall sollte weder Blickkontakt aufgenommen noch der Hund angesprochen werden. Keine Bange und keine Angst! Es geht keineswegs darum, den Welpen zu vernachlässigen. Es soll lediglich eine Umkehrung vorgenommen werden, bei der Sie bestimmen, wann welche Form von Kontakt aufgenommen wird. Sobald sich der Hund mit der Erkenntnis trollt, dass der Mensch

nicht grenzenlos für ihn zur Verfügung stehen kann, haben Sie einen großen erzieherischen Fortschritt gemacht. Sie entscheiden nun, wann es zur gewünschten Interaktion zwischen Mensch und Hund kommt. Dabei muss nicht einmal ein besonders großer Zeitraum vergehen. Sobald der Welpe sein manipulatives Verhalten einstellt, sich trollt oder eindöst, können Sie davon ausgehen, dass er die Vergeblichkeit seines Handelns eingesehen hat. Ist dies der Fall, können Sie zu jedem beliebigen Zeitpunkt (außer natürlich, der Welpe manipuliert erneut) eine Kontaktaufnahme einleiten, den Hund ansprechen, ihn zu sich rufen, um zu spielen o. Ä. Erzieherisch können Sie so noch ein weiteres Schnäppchen schlagen. Indem der Welpe in der Mehrheit der Fälle die Befriedigung seiner Bedürfnisse dann erfährt, wenn er sich ruhig und unaufdringlich verhält, wird speziell dieses Verhalten besonders belohnt, da menschliche Zuwendung in der Regel eine Verstärkung des gerade gezeigten Verhaltens nach sich zieht. Bitte bedenken Sie in puncto Manipulationsverhalten und Hausstandsregeln auch, dass ein zunächst friedlicher, anpassungsfähiger

Welpe, dem jeder Wunsch von den Augen abgelesen wird, sich sehr schnell zu einem unerträglichen Haustyrannen entwickeln kann, der es einfach nicht mehr duldet, nicht im Mittelpunkt zu stehen. Dass Verwöhnungsschäden die schlimmsten Schäden sind, ist in der Kindererziehung übrigens schon lange bekannt.

Manipulieren kann auch niedlich aussehen!

Zum Schluss noch ein kurzer Appell: Vergessen Sie Max und vor allem seine dezente und niedliche Form der Manipulation nicht. Die wenigsten Hunde drücken ihre Forderungen lautstark oder auffälliger aus, da sie gelernt haben, bereits mit viel weniger Aufwand zu demselben Ergebnis zu kommen. Gerade diese Unauffälligkeit ist es, die es vielen Menschen schwer macht, die negativen Auswirkungen auf die Erziehungsbereitschaft des Hundes zu erkennen. Hinzu kommt erschwerend, dass ein solches Verhalten im Haus den Menschen oftmals einfach gar nicht stört und er deswegen die Notwendigkeit einer Umkehrung der Verhältnisse nicht erkennt. Ein letztes Mal möchten wir daher an dieser Stelle darauf hinweisen, dass erfolgreiche Erziehung von Hunden jeden Alters ganzheitlich sein und daher einen deutlichen Schwerpunkt auf den alltäglichen Umgang zu Hause setzen muss. Übrigens: Frau W. konnte geholfen werden. Durch das Setzen von Tabuzonen im Haus und eine Umkehrung bei der täglichen Kommunikation, wie in den beiden letzten Abschnitten erläutert, konnte Max nach recht kurzer Zeit wieder freies Laufen ohne Leine genießen.

Info
Manipulationsverhalten und Stubenreinheit beim Welpen

Viele Hunde, deren Menschen im glücklichen Besitz eines Balkons oder eines Gartens sind, verwandeln ihre Besitzer schnell und effektiv in wandelnde Türöffner, die beim leisesten Anzeichen zuverlässig aufspringen, um den Hund ins Freie zu lassen. Da es sich auch hier bei entsprechender Regelmäßigkeit um eine massive und folgenreiche Forderung handelt, sollte man auf entsprechende Aufforderungen des Hundes prinzipiell mit Ignoranz reagieren und ihn zu einem späteren, selbstbestimmten Zeitpunkt – als Belohnung für ruhiges Wohlverhalten – rauslassen. Innerhalb der Sauberkeitserziehung des Welpen allerdings müssen hier natürlich so lange Zugeständnisse gemacht werden, bis der Hund zuverlässig stubenrein ist, damit der Hund nicht gezwungen wird, sich in der Wohnung zu lösen. Dasselbe gilt auch beim erwachsenen Hund, der entgegen seiner sonstigen Gewohnheiten plötzlich bettelnd zur Tür läuft. Womöglich hat er Durchfall oder eine Blasenentzündung. Dem sollte man selbstverständlich nachgehen und nachgeben.

Schon so früh Grenzen setzen – muss das sein?

Vielen frischgebackenen Welpenbesitzern widerstrebt es, dem so süßen, neuen Familienmitglied bereits kurz nach Einzug Grenzen zu setzen, bestimmte Dinge zu tabuisieren und zu verbieten. Dahinter steckt offenbar eine große Angst, der „Säuglingsseele" des Welpen damit Gewalt anzutun.

Mit der Übernahme eines Welpen im Alter von etwa acht Wochen aber bekommt man keinen Säugling, mit dem man selbstverständlich völlig anders verfährt. Ein junger Hund im Alter von acht bis zehn Wochen entspricht viel eher einem zwei- bis dreijährigem Kind, welches durchaus trotzig, eigenwillig und vor allem sehr unvernünftig sein kann. Erstaunlicher- und natürlich auch glücklicherweise betrachten die meisten Menscheneltern das Setzen von Grenzen bei ihren Kindern in diesem Alter bereits als völlig selbstverständlich und notwendig und erleichtern ihrem Nachwuchs damit eine vernünftige Eingliederung in soziale Gemeinschaften. Nimmt man seinen Welpen nun als soziales Lebewesen ebenso ernst, sollte man vernünftige, Grenzen ziehende Maßnahmen genauso wie bei Kindern als etwas betrachten, was ein befriedigendes und beglückendes Miteinander für alle Beteiligten auf Dauer ermöglicht.

Nur ein Lebewesen, das auch Grenzen kennt, kann mit Freiheiten schadlos umgehen.

Erziehung und Beschäftigung

Allgemeines zum Spiel mit dem Welpen

Innerhalb der ganzheitlichen Welpenerziehung nimmt auch das Spiel mit dem Hund einen wesentlichen Platz ein. Zielgerichtetes Spiel besitzt äußerst bindungsstärkendes sowie erzieherisches Potential, das jedoch nur zur Entfaltung kommen kann, wenn klare Spielregeln gelten. Prinzipiell sollte der Welpe höchstens ein bis zwei Spielzeuge zur freien Verfügung haben. Damit das Spiel jedoch im Zusammenhang mit dem Menschen seine positiven Aspekte entfalten kann, sollte das frei zugängliche Spielzeug keinesfalls dasjenige sein, welches der Welpe am liebsten mag. Das Lieblingsspielzeug sollte der Mensch unter Verschluss halten und nur zu bestimmten, ihm genehmen Zeiten hervorholen, um gemeinsam mit dem Welpen zu spielen. Auf diese Weise bleibt nicht nur das Spielzeug wesentlich interessanter, sondern auch – was viel wichtiger ist – der Mensch. Gespielt werden sollte nach Möglichkeit täglich, am besten in kurzen Einheiten von wenigen Minuten. Wichtig ist, dass der Mensch hierzu das Startsignal gibt, d. h. den Zeitpunkt und die Dauer des Spieles bestimmt. Dabei ist es von Bedeutung, das Spiel immer zu einem Moment abzubrechen, in dem der Welpe noch motiviert ist. Auf diese Weise bleibt das Interesse an gemeinsamen Aktionen mit dem Besitzer hoch, was sehr wünschenswert ist und auch das soziale Lernen kommt nicht zu kurz, da der Welpe lernt, dass der Mensch souverän wichtige Entscheidungen trifft. Da Welpen auch so etwas wie soziale Kompetenz lernen müssen und das gemeinsame Spiel mit dem Besitzer hier-

für ein hervorragendes Lernfeld ist, sollten in jedem Spiel eindeutige und stets einzuhaltende Regeln gelten. Jegliches spielerische Kneifen in Kleidung oder Körperteile sollte zu einem abrupten und unmittelbaren Spielabbruch führen, da der Welpe sonst keine Möglichkeit hat zu lernen, dass so etwas generell nicht gestattet ist. Knappt der junge Wilde nun also oder springt hoch, so sollte mit

einem kurzen energischen **NEIN** und einem sofortigen Kontaktabbruch reagiert werden. Drehen Sie sich einfach um und gehen weg, ohne den Hund weiter zu beachten. So lernt der Welpe innerhalb kurzer Zeit, dass sein geliebtes Spiel nur zu bestimmten Regeln fortgesetzt wird. Sofern möglich, nehmen Sie das Spielzeug sofort weg. Sollte dies nicht ohne eine Verfolgungsjagd rund um den Wohnzimmertisch möglich sein, so verzichten Sie darauf, es abzunehmen und sammeln es später einfach wortlos ein. Ohne Ihr Mitmachen wird den Hund das Spiel schnell langweilen, und er wird das Spielzeug irgendwo fallen lassen. Viele Welpenbesitzer neigen leider dazu, spielerisches Über-die-Stränge-Schlagen zu bagatellisieren, weil es aufgrund des Spielcharakters oft recht harmlos wirkt. Da Welpen nun aber aufgrund der spezifischen Atmosphäre innerhalb von Spielsituationen so besonders lern- und aufnahmefähig sind, registrieren sie ganz genau, wie weit sie gehen dürfen und probieren dies in der Regel auch recht unbedarft und regelmäßig aus. Setzt man dem jungen Hund nun ebenfalls im Spiel bestimmte Regeln entgegen, erzieht man ihn. Tut man das nicht, vergeudet man die enorme erzieherische Wirkung des Spiels und erhält womöglich noch einen erwachsenen Hund, der keine grundsolide Beißhemmung erlernt hat.

Soziale Kompetenz kann der Welpe im Spiel ganz problemlos lernen, sofern der Mensch konsequent die Spielregeln aufstellt.

Anleitung zum kommunikativen Spiel mit dem Welpen

Kommunikatives Spiel mit dem Hund ergibt sich nicht von selbst durch bloßes Wegwerfen von Bällen oder Stöckchen. Es will auf bestimmte Weise gestaltet sein, damit es weder der Erziehung noch der Kommunikation zuwiderläuft. Zum Aufbau dieser Spielform sollte man zu dem aus Welpensicht attraktivsten Spielzeug greifen. Es empfiehlt sich, zur besseren Kontrolle etwas an einer Schnur zu wählen, z. B. einen Kong-Ball. Da diese aus recht weichem Material sind, werden sie in der Regel von Welpen auch sehr gut angenommen. Optimalerweise hat man noch ein zweites identisches Exem-

plar in der Tasche. Die Umgebung sollte in den ersten Wochen ruhig und ohne Ablenkung sein, sodass es im Moment des Spiels nichts Interessanteres gibt als den Menschen und sein Spielangebot: der Garten, eine ruhige Wiese oder für die allerersten Schritte die Wohnung. Sofern Sie ein Laufspiel (s. unten) integrieren wollen, sollte der Welpe Leine und Halsband/Geschirr tragen. Setzen Sie sich zum Hund auf den Boden mit dem Spielzeug in der Hand. Betrachten Sie das Spielzeug als eine kleine Beute, die es zu fangen gilt, und sorgen Sie dafür, dass auch der Welpe das so sieht! Ziehen Sie den Ball an der Schnur auf dem Boden direkt vor dem Hund hin und her und sorgen dafür, dass das Spielzeug ständig in Bewegung ist, denn nur so wird es für den Welpen überhaupt von Interesse. Feuern Sie den Hund mit der Stimme ordentlich an; wenn Sie möchten, können Sie auch kleine Beutegeräusche imitieren, die meisten Welpen reagieren darauf mit großer Begeisterung. Machen Sie nun dem jungen Hund die „Jagd" nach dem Spielzeug nicht zu leicht, aber auch nicht zu schwer. Er sollte das Objekt der Begierde durchaus fangen können, sich dabei aber etwas Mühe geben müssen. Sobald er es gefangen hat, lassen Sie ihn seine Beute kurz fest-

halten. Auf ausgedehnte Zerrspiele sollten Sie generell verzichten; diese vermitteln vielen jungen Hunde eine falsche und manches Mal sogar schädliche Einschätzung ihrer eigenen Kräfte. Sie können nun auf folgende Weise weiter verfahren: Sobald der Welpe das Spielzeug gefangen hat, ziehen Sie das zweite aus der Tasche und ziehen dieses nun in ähnlich animierender Weise über den Boden. Lässt der Hund daraufhin „seines" fallen, stecken Sie dieses schnell weg und setzen die Jagd nach dem Neuen fort. Dies kann bei einem sehr motivierten Hund durchaus mehrfach wiederholt werden, doch nie bis zum Überdruss. Stattdessen sollte man zwischendrin eine weitere Spielvariante einbauen. Sobald der Welpe das Objekt „gefangen" hat, fasst man die Leine und läuft gemeinsam mit dem Welpen, der sein Spielzeug dabei stolz tragen darf, ein paar schnelle Schritte. Bereits junge Hunde lieben kleine Rennspiele, weswegen diese Variante in der Regel besonders geschätzt wird. Achten Sie jedoch bei dieser kleinen Renneinlage darauf, dass der Welpe hinter Ihnen herläuft und nicht Sie hinter ihm, damit sich beim Hund keine erzieherischen Fehleinschätzungen einprägen. Leider nämlich lernen viele Welpen, die beim Spiel nicht konkret angeleitet werden, wie leicht

Durch gemeinsames kommunikatives Spiel kann der Mensch seine Attraktivität für den Hund enorm erhöhen.

man sich dem Menschen durch Weglaufen entziehen kann. Mit der Leine haben Sie zunächst die Gewähr, dass das nicht passiert, und was jedoch mindestens genauso wesentlich ist: Der Welpe lernt, dass Spiel in Ihrer unmittelbaren Nähe die meiste Freude bringt und eben diese Lernerfahrung sollte die allererste sein, die er in puncto Spiel mit dem Menschen macht. Erst so nämlich wird Spiel zum kommunikativen Spiel. Sind Sie gemeinsam mit dem Welpen, am besten unter großem Hallo, einige Schritte gelaufen, so beugen Sie sich wieder zum Hund hinunter oder setzen sich auf den

Hier wird mit einem zweiten Spielzeug „gearbeitet": Sinnlos gegebene Hörzeichen und „Gezerre" werden so vermieden.

Boden, nehmen ihm das Spielzeug ab (sollte das nicht problemlos machbar sein, „zaubern" Sie einfach erneut das Zweite aus der Tasche) und das Spiel am Boden beginnt erneut. Sollte der Hund übrigens das Hörzeichen **AUS** schon recht zuverlässig beherrschen, kann es durchaus auch im Spiel angewendet werden. Haben Sie so mit vollem Einsatz einige Minuten gespielt, werden Sie wahrscheinlich ganz schön außer Atem sein und Ihr Welpe ebenfalls! Bevor Sie nun das Spiel beenden, sollte das Spielzeug immer noch einmal interessant gemacht werden, allerdings, ohne dass der Welpe es erhaschen kann. Die Spielmotivation des Hundes darf nicht überstrapaziert werden, im Moment des Abbruchs, wenn das Spielzeug bis zum nächsten Einsatz in Ihrer Tasche verschwindet, sollte der Welpe Sie begeistert anschauen und sein Blick sollte sagen: „Weiter, los, bitte weiter!!!"

Haben Sie auf diese Weise zwei bis drei Wochen möglichst täglich einige Minuten gespielt, und der Erfolg ist daran ablesbar, dass der Welpe bei den kleinen Renneinlagen freudig hinter Ihnen herläuft, ohne auf die Idee zu kommen einen anderen Weg einzuschlagen, können Sie dazu übergehen als gelegentliche Variante das Spielzeug, nachdem es „quietschend" über den Boden gezogen wurde, ein bis zwei Meter wegzukullern. Sobald der Hund ihm nun hinterher springt und es schließlich aufgegriffen hat, greifen Sie zur Leine (die er nach wie vor tragen sollte) und loben den Hund ausführlich

und überschwänglich mit der Stimme für seinen Eifer. Darauf initiieren Sie ein kurzes Rennspiel, bei dem erneut darauf zu achten ist, dass der Hund hinter Ihnen herläuft, und nehmen dann das Spiel am Boden wieder auf.

Lernziel der nächsten Wochen ist, dass der Welpe, nachdem er ein weggeworfenes Spielzeug aufgegriffen hat, nicht vom Menschen weg-, sondern im Gegenteil auf ihn zuläuft. Dazu benötigt man eine Leine als Hilfsmittel. Erst wenn dieses Ziel erreicht ist, sollte man dazu übergehen das Spielzeug auch einige Meter weiter wegzuwerfen. Optimalerweise hat der Hund zu diesem Zeitpunkt gelernt, dass es wesentlich mehr Freude macht, mit dem Ball auf den Menschen zuzulaufen, anstatt ihn zu meiden oder ihn als bloße Ballmaschine zu betrachten. Sobald der Hund im Spiel gerne und bereitwillig mit dem Spielzeug zum Menschen kommt und diesen als das Zentrum der Aktivität sehen gelernt hat, kann auf eine Leine beim Spielen verzichtet werden. Sollten Sie übrigens körperlich Renn- oder Laufeinlagen nicht bewältigen können, ist schnelles Gehen oft ein adäquater Ersatz, oder Sie konzentrieren sich einfach auf das Spiel am Boden.

Futtersuchspiele   Eine weitere sinnvolle Beschäftigungsmöglichkeit für den Welpen ab etwa der 12. Lebenswoche sind Futtersuchspiele; früher macht diese Beschäftigungsform wenig Sinn, da bei den meisten jüngeren Welpen das Entfernungssehen noch nicht gut genug ausgeprägt ist. Bei Futtersuchspielen geht es um zwei Aspekte. Zum einen soll der Welpe regelmäßig eine Beschäftigung erhalten, bei der seine Sinne gefordert werden und die daher, vor allem beim heranwachsenden und erwachsenen Hund, zur Auslastung beitragen kann. Zum anderen soll der Welpe auch durch die Futtersuchspiele lernen, dass auf Spaziergängen mit dem Menschen immer wieder von diesem initiierte, spielerische Aktionen stattfinden. Wichtig ist zunächst, dass der Welpe registriert, dass die kleinen Futterbröckchen, die er anschließend suchen oder denen er hinterherspringen darf, von seinem Menschen ausgegeben werden. Daher sollte man den Welpen in einem ersten Schritt mit einen freudigen **GUCK MAL** zum Blickkontakt auffordern. Halten Sie das Leckerchen dabei am besten auf Augenhöhe. Sobald der Augenkontakt zwischen Ihnen und dem Hund hergestellt ist, können Sie das Futterbröckchen entweder über den Weg kullern oder in zunächst niedriges Gras bzw. an den Wegesrand werfen. Der Hund darf sich dann mit dem Hörzeichen **SUCH** auf die Jagd begeben. Bei der „Kullervariante" geht es darum, dem rollenden Leckerli hinterherzuspringen und es zu fangen, besonders bewegungsfreudige und temperamentvolle Hunde haben hieran Freude. Im Laufe der Zeit, mit zunehmenden motorischen Fähigkeiten des Welpen, können Sie das Leckerchen immer weiter weg und mit mehr Tempo über den Boden kullern lassen. Bei der „Suchvariante" ist Naseneinsatz gefragt, bei dem die Hürde zu Beginn natürlich überwindbar sein muss. Werfen Sie das Leckerchen zu Beginn nicht zu weit weg und helfen dem Hund bei der Suche, indem Sie mit dem Finger in die Nähe der Stelle deuten, an der das Bröckchen liegt. Je nach Entwicklungsphase des Welpen kann die Suche entsprechend schwieriger gestaltet werden. Damit das Futtersuchspiel auslastenden Charakter bekommt, sollte das Auffinden des Leckerchens immer mit einer gewissen Anstrengung verbunden sein, darf aber gerade das junge Tier weder frustrieren noch überfordern. Mit dem juvenilen und erwachsenen

Nicht nur Arbeitshunderassen lieben Futtersuchspiele mit viel Bewegung und Aktion.

Hund kann die Suche ruhig immer anspruchsvoller gestaltet werden. Insbesondere für Jagdhunde ist das Futtersuchspiel eine gute
Möglichkeit, ihrem hervorragenden Näschen etwas Beschäftigung
zu geben, doch auch die meisten anderen Rassen und Mischungen
schätzen derartige Suchspielchen sehr.

Kurz gefasst
Spielregeln einhalten

Damit sich innerhalb des Spieles keine unerwünschten Verhaltensweisen,
wie spielerisches Kneifen, Hochspringen, Weglaufen, aufmerksamkeitsheischendes Verhalten oder „Nicht-Hören" entwickeln und das Spiel seine
volle kommunikative Wirkung entfalten kann, sollten feste Spielregeln
gelten, die konsequent eingehalten werden. Sobald die ersten Spielschritte
von Mensch und Hund erlernt worden sind, sollte auch auf den Spaziergängen regelmäßig kleine Spieleinlagen stattfinden, deren Beginn und Dauer
vom Menschen bestimmt werden. Auf diese Weise kann man das Interesse
und die Aufmerksamkeit des Hundes dem Besitzer gegenüber hochhalten
bzw. intensivieren.

Rassespezifische Besonderheiten in der Welpenerziehung

Auch wenn es in unserem Buch um praktikable Welpenerziehung insgesamt geht, möchten wir Ihnen einige Hinweise geben, worauf bei welcher Rasse in Erziehung und Haltung besonders geachtet werden sollte. Jedoch möchten wir diesem Kapitel eine kleine Einschränkung voranstellen: Wir können an dieser Stelle lediglich bestimmte, im Allgemeinen ausgeprägte Verhaltensweisen, die für die Mehrheit gewisser Rassen zutreffen, streifen und keinen Anspruch auf Allgemeingültigkeit erheben. Andererseits sollte man gewisse Maßnahmen, die an dieser Stelle für andere Rassen betont werden, für den eigenen Hund keineswegs von vornherein ausschließen. Denn auch schon so mancher, vermeintlich leicht erziehbare Retriever hat sich zum wahren Haustyrannen entwickelt, weil er bspw. im Alltag kaum Einschränkungen erfuhr; und auch der eine oder andere Mischling ohne Jagdhundblut wurde schon zum passionierten Jäger, weil man die konsequente Erziehung zum Kommen und das frühzeitige Abbrechen von Jagdverhalten nicht für notwendig erachtete. Wir möchten hier also lediglich auf einige Tendenzen hinweisen, die man im Grunde zwar bei allen, im Besonderen aber bei der eigenen Rasse ernst und aufmerksam im Blick haben sollte.

Hütehunde wie der Australian Shepherd müssen unbedingt ausreichend beschäftigt werden. Sonst kann es zu Verhaltensauffälligkeiten kommen.

**Hüte- und Treib-
hunde**

Bei Hüte- und Treibhunden muss man damit rechnen, dass man oft auf das Phänomen der relativ leichten Erziehbarkeit (selbstverständlich gibt es Ausnahmen) gepaart mit einer recht schwierigen Auslastbarkeit stößt. Von daher sollte man frühzeitig nach diversen Beschäftigungsmöglichkeiten suchen. Ein mangelhaft ausgelasteter Hütehund kann vor lauter Nichtstun gehörige Auffälligkeiten, wie z. B. das Hüten von Flugzeugen am Himmel, aber auch massive Zerstörungswut u. Ä. entwickeln. Aufgrund der hohen Sensibilität vieler Hütehunde sollte darauf geachtet werden, dass diese, insbesondere wenn Kinder im Haus sind, genügend Rückzugsmöglichkeiten haben.

**Hof-, Wach- und
Gebrauchshunde**

Gebrauchs- und Wachhundrassen wie der Hovawart können ein ausgeprägtes Territorialverhalten entwickeln.

Bei den sogenannten Hof- und Wach- oder Gebrauchshundrassen ist häufig damit zu rechnen, dass diese territoriales Verhalten entwickeln und im Extremfall selbst werden entscheiden wollen, wer Haus und Hof betritt und wer nicht. Selbst wenn man auf die Wachhundfähigkeiten eines solchen Hundes nicht verzichten möchte, sollte man seine Ambitionen diesbezüglich nicht noch zusätzlich fördern, sondern im Gegenteil zu kontrollieren trachten. Es empfiehlt sich bei diesen Rassen, weder den Schlaf- noch den Fressplatz in unmittelbarer Nähe des Eingangsbereiches einzurichten, da dies sowohl den Bell- als auch den Verteidigungseifer unnötig erhöhen kann. Innerhalb des häuslichen Bereiches sollten Welpen dieser Rassen von Anfang an Tabuzonen kennen lernen, indem sie bestimmte Räume nicht betreten dürfen.

So können sie lernen, dass der Mensch in Sachen Territoriumskontrolle generell das letzte Wort behält. Konkrete und sehr konsequente Erziehungsübungen sollten so früh wie möglich angebahnt und vor allem in der Pubertät verstärkt werden. Insgesamt ist darauf zu achten, die Erziehung möglichst ganzheitlich zu gestalten. Dies gilt im gleichen Maße für alle Welpen von Herdenschutzhundrassen, bei denen zusätzlich darauf geachtet werden sollte, keine erhöhten Liegeplätze zu gestatten.

Der Deutscher Schäferhund – ein Arbeitshund, der ausgelastet werden möchte.

Nordische Hunde
wie der Siberian
Husky haben einen
starken Jagdtrieb.

Der Dackel ist ein
passionierter Jagd-
hund.

Da Herdenschutzhunde in der Regel noch sehr ursprüngliche Rassen sind, ist auf eine hundertprozentig sorgfältig vorgenommene
Umweltsozialisation zu achten, damit diese Hunde, die von Haus
aus recht viel Individualdistanz benötigen, auch in Städten und
Menschenansammlungen zurechtkommen.

**Dackel
und Terrier**

Bei den Dackeln und Terrierrassen muss man sich immer wieder
vor Augen führen, dass diese keine Schoßhunde sind und dazu neigen, zu viel Verwöhnaroma mit durchaus unangenehmen Anfällen
von Größenwahn zu quittieren. Um einschränkende Maßnahmen
im Alltag, vor allem innerhalb der eigenen vier Wände, wird man
nur selten herumkommen, sofern man Wert auf Wohlerzogenheit
legt. Ein besonderes Augenmerk sollte man von Anfang an darauf
legen, der Entwicklung von Futteraggression (S. 97) entgegen-
zusteuern.

**Nordische Hunde,
Jagd- und Wind-
hunde**

Bei Welpen nordischer Rassen muss man sich – ebenso wie bei
allen Jagdhundrassen (auch bei Windhunden) – auf ein frühzeitiges
Entwickeln von Jagdverhalten einstellen und sobald als möglich entgegensteuern (siehe Kapitel „Kommen auf Zuruf" und „Antijagd-
training"). Nur dann hat man eine reelle Chance, das Jagen des
Hundes im Erwachsenenalter halbwegs kontrollieren zu können.
Jede auch noch so harmlos anmutende Verfolgung von Objekten

(Vögel, Insekten, Blätter) muss bei diesen Hunden absolut ernst genommen werden. Eine völlige und unkontrollierte Bewegungsfreiheit im Welpen- und Junghundalter bei nordischen sowie Jagdhundrassen hat schon sehr vielen erwachsenen Vertretern eine lebenslange Leinen-Haft beschert, die sie aufgrund ihrer Anlagen nur schwer verkraften. Nordische Hunde brauchen bekanntermaßen sehr viel Bewegung, am besten joggend oder aber am Rad. Auch wenn man beim Welpen und Heranwachsenden hier zu den üblichen Zeitangaben einige Minuten zugeben kann, darf man nicht zu früh zu große Touren machen und muss die Kondition dieser Tiere langsam aufbauen. Da nordische Rassen oft nicht besonders verfressen sind, aber dennoch über Futtermotivation erzogen werden sollen, kann es nötig sein, den Großteil des Futters draußen fürs Kommen zu verfüttern.

Apportierhunde

Bei den Apportierhunden, wie den Retriever-Rassen, sollte man sich möglichst nicht auf die angeblich so leichte Erziehbarkeit verlassen, denn ganz von alleine werden diese zwar groß, aber noch lange nicht wohlerzogen. Apportierhunde sollten im Haus ein bis zwei klar zugewiesene Gegenstände haben, die sie aufgreifen dürfen. Oft genug wird es dazu kommen, dass ein Apportierhundwelpe etwas aufgreift, das für ihn nicht geeignet ist und ihm daher abgenommen werden muss. In diesen Fällen sollte dem Hund immer eine Alternative angeboten werden. Retriever, und auch viele Terrier, buddeln gern. Daher empfiehlt es sich, ihnen nach Möglichkeit im Garten eine kleine Buddelecke zuzuweisen. So kann man andere Zonen konsequent mit **NEIN** tabuisieren und den Hund direkt im Anschluss an „seine" Kiste führen.

Labrador Retriever sind temperamentvolle Apportierhunde, die beschäftigt werden wollen.

Gesellschafts- und Kleinhunde

Gesellschafts- bzw. Kleinhunde wie Zwerg- und Mittelschnauzer, Pudel, Chihuahuas, Papillons usw. genießen oft viele Privilegien wie Sofa, Bett usw. Damit auch sie gesellschaftsfähig bleiben, empfiehlt es sich, ihnen beizubringen, solche Plätze nur auf Aufforderung des Menschen einzunehmen und auch jederzeit wieder ohne Murren zu verlassen, wenn der Mensch dies wünscht.

SITZ

Verknüpfungs-übung SITZ

Der Welpe lernt die Bedeutung des Wortes **SITZ**, des Wortes **LAUF** sowie das Sichtzeichen für **SITZ**.

So wird's gemacht Wie bei allen Hörzeichen muss der Welpe nun in einem ersten Schritt lernen, was das Wort **SITZ** bedeutet. Daher wird auch hier zunächst eine Verknüpfungsphase vorgeschaltet. Das bedeutet, dass in dieser Phase das Hörzeichen **SITZ** noch nicht gegeben wird, um zu erreichen, dass sich der Welpe setzt, sondern lediglich, wenn er sich setzt. Dabei können Sie durchaus entsprechende Situationen provozieren. Üben Sie wiederum ausschließlich in ablenkungsfreier Umgebung, in der Wohnung oder auf einem einsamen Spazierweg. „Bewaffnen" Sie sich mit einer Handvoll kleiner Leckerchen. Machen Sie den Welpen mit einem freudigen **GUCK MAL** auf sich aufmerksam und halten ihm dann das Leckerchen direkt über die Nase. Da Welpen körpersprachliche Unterstützung beim Lernen von Hörzeichen sehr gut annehmen, sollten Sie das Leckerchen zwischen Daumen und Mittelfinger nehmen und dabei gleichzeitig den Zeigefinger über dem Kopf des Hundes abspreizen, damit so eine

Für die ersten Schritte empfiehlt sich eine ruhige und ablenkungsfreie Umgebung.

Art „Lehrer-Lampe-Zeigefinger" entsteht. So lernt der Hund zusätzlich ein klar umrissenes Sichtzeichen mit. Halten Sie das Leckerchen nicht zu hoch und auch nicht zu niedrig. Der Welpe sollte den
Kopf nach oben strecken müssen, aber nicht dazu verleitet werden,
hochzuspringen, weil sich das Futterhäppchen zu weit oben befindet. Bei einem kleinwüchsigen Welpen sollte man also in die Hocke
gehen. Da Hunde besser nach oben schauen können, wenn sie sich

Deutliche Sichtzei-
chen sind für den
Welpen eine große
Hilfe beim Lernen.

hinsetzen, wird es nicht lange dauern, bis der Welpe sich setzt. Genau in diesem Moment sollte **SITZ** ertönen (keinesfalls vorher!) und gleichzeitig das Leckerchen gegeben werden. Der Vollständigkeit halber und um für spätere **SITZ**-Übungen vorzuarbeiten, empfiehlt es sich, gleich das Hörzeichen **LAUF** mit einzubauen. Sobald der Welpe sein Leckerchen verschluckt hat, sagen Sie ein freundliches **LAUF** und gehen ein paar Schritte rückwärts vom Hund weg. Sollte der Welpe bereits früher aufgestanden sein, so geben Sie das Freizeichen **LAUF** einfach in dem Moment, in dem er aufsteht. Es geht ja noch gar nicht darum, dass der Welpe schon längere Zeit sitzen bleibt oder das Hörzeichen nicht selbstständig aufhebt. Er soll lediglich das Freizeichen **LAUF** von Anfang an mit kennenlernen. Gehen Sie nach Ihrem **LAUF** noch mal einige Schritte rückwärts vom Hund weg, machen ihn mit einem erneuten **GUCK MAL** auf sich aufmerksam und wiederholen die Übung erneut. Bitte achten Sie in diesem Stadium immer darauf, das Hörzeichen erst dann zu geben, wenn der Welpe das gewünschte Verhalten auch tatsächlich zeigt. Sie können diese Übung – je nach Hund – etwa fünf bis zehn Mal hintereinander durchführen. Sie werden nach kürzester Zeit merken, wie viel Sie Ihrem Welpen zumuten können und wie sehr sich seine Konzentrationsfähigkeit mit der Zeit verbessern wird. Da der Welpe weder unter- noch überfordert werden sollte, ist der beste Zeitpunkt diese Sequenz abzubrechen, wenn der Hund noch motiviert und keinesfalls gelangweilt oder müde ist. Am Ende einer jeden Übungssequenz sollte immer eine gelungene Übung stehen. Optimalerweise übt man das **SITZ** in der beschriebenen Weise etwa drei bis vier Mal am Tag, wie gesagt wenige Male hintereinander in ruhiger Umgebung. Bereits nach ein paar Tagen werden Sie feststellen, dass der Welpe sich bereits auf das bloße Sichtzeichen hinsetzt. Dann können Sie zur nächsten Schwierigkeitsstufe übergehen.

Etablierungs-übung 1

Der Welpe setzt sich auf das erste Hör- und Sichtzeichen **SITZ** in ablenkungsarmer Umgebung sofort hin.

So wird's gemacht In diesem Stadium nun soll das Hörzeichen **SITZ** eingefordert werden. Sie benötigen wiederum ein paar kleine Leckerchen, eine kurze Führleine und eine ruhige Umgebung. Damit der Welpe sich nicht entziehen kann, soll nur an der kurzen Leine geübt werden. Außerdem muss gewährleistet sein, dass der Hund nicht zu müde zum Üben ist. Nehmen Sie die Leine in die eine und ein Leckerchen in der gewohnten Zeigefinger-Haltung in die andere Hand. Geben Sie ein freundliches, aber ernst gemeintes **SITZ** mit einer deutlichen

Betonung des „i". Es ist sehr unwahrscheinlich, dass der Welpe Sie ignoriert, sofern Sie genügend Verknüpfungssübungen durchgeführt und eine ruhige Übungsumgebung gewählt haben. Sollte dies dennoch der Fall sein, gilt es zu prüfen, ob sich der neue Hausgenosse evtl. schon an zu vielen Stellen des alltäglichen Umgangs Sonderrechte erschlichen hat. Wieder einmal ist dann ganzheitliche Erziehung das Zauberwort.

Setzt sich der Hund, bekommt er sein Leckerchen sowie gleich darauf das Hörzeichen **LAUF**. Sollte er aufstehen, bevor Sie **LAUF** sagen konnten, so schieben Sie das Hörzeichen einfach noch schnell hinterher. Dann beginnen Sie die Übung erneut: Gehen Sie ein paar Schritte mit der Leine in der Hand rückwärts, geben Sicht- und Hörzeichen **SITZ**, dann Leckerchen und freudiges **LAUF**. Diese Übung kann etwa fünf Mal nacheinander durchgeführt werden, wobei sich auch in diesem Stadium drei bis vier Mal am Tag kurze Übungseinheiten von wenigen Minuten empfehlen.

Etablierungs-übung 2

Lernziel

Der Welpe setzt sich auf das erste Hör- und Sichtzeichen **SITZ** in ablenkungsarmer Umgebung hin und bleibt sitzen, bis er Hörzeichen **LAUF** erhält. Voraussetzungen: Etablierung des Hörzeichens **NEIN.**

So wird's gemacht

Zu dieser Stufe können Sie übergehen, wenn der Welpe das Lernziel der Etablierungsübung 1 erreicht hat und sich ohne Ablenkung auf Ihr erstes Hörzeichen zuverlässig hinsetzt. Wiederum sollte nur an der Leine und ohne Ablenkung geübt werden. Leckerchen müssen nun nicht mehr jedes Mal gegeben, sollten aber noch nicht gänzlich gestrichen werden. Zu diesem Zeitpunkt sollte außerdem das Hörzeichen **NEIN** bereits etabliert sein. Der Welpe soll nun lernen, dass **SITZ** einen verbindlichen Charakter besitzt und nur vom Menschen aufgehoben werden darf. Dazu ist es keinesfalls erforderlich, den Welpen minutenlang sitzen zu lassen. Das würde ihn allenfalls überfordern und ermüden, wenige Sekunden reichen in

dieser Phase völlig aus. Gehen Sie wie folgt vor: Halten Sie die Leine in der Hand und geben Hör- und Sichtzeichen **SITZ**. Sobald der Welpe Anstalten macht aufzustehen, (hier muss ein weiteres Mal in das Verhalten des Hundes hinein reagiert werden!) sagen Sie ein neutrales **NEIN** (nicht zu streng, aber auch nicht zu freundlich!) und geben sofort im Anschluss ein erneutes deutliches Hör- und Sichtzeichen **SITZ**. Achtung: Reagiert der Welpe auf die Korrektur dadurch, dass er sich hinlegt, war der Tonfall evtl. zu streng! In einem solchen Fall helfen Sie ihm mit einem sanften **SITZ** plus Leckerchen über der Nase nach oben, brechen die Übung mit **LAUF** ab und versuchen es später erneut. Klappt hingegen alles wie gewünscht, warten Sie kurz ab, zwei bis drei Sekunden reichen dabei völlig aus, und geben schließlich Freizeichen **LAUF**. Insgesamt sollte der Welpe innerhalb dieser Etablierungsübung nicht länger als fünf bis maximal zehn Sekunden sitzen bleiben. Nach einer Korrektur sollte er nur noch kurz sitzen, je nach Konzentrationsfähigkeit und Motivation des Hundes sind zwei bis fünf Sekunden ausreichend. Das kurze (!) Sitzenbleiben sollte drei bis vier Mal täglich, dabei jeweils zwei bis drei Mal hintereinander, ohne Ablenkung geübt werden. Am Ende dieser Übungssequenz sollte immer ein kleines, kommunikatives Spiel mit dem Menschen stehen.

Etablierungs-übung 3

Lernziel

Der Welpe setzt sich auf Hör- und Sichtzeichen **SITZ** sofort hin und bleibt auch unter leichter Ablenkung an verschiedenen Orten kurz sitzen, bis der Mensch mit **LAUF** das Freizeichen gibt.

So wird's gemacht

Um mit allen klassischen Erziehungsübungen Schritt für Schritt erfolgreich voranzukommen, ist es außerordentlich wichtig, den Faktor Ablenkung ernst zu nehmen und nur langsam zu steigern. Daher sollte sehr kritisch geprüft werden, ob die Lernziele der Etablierungsübungen 1 und 2 ohne Ablenkung auch tatsächlich in vollem Maße erreicht wurden, bevor man zur Stufe 3 übergeht. Leider gehen viele Welpenbesitzer zu schnell vor und geben gerade

Hier sitzen zu bleiben, stellt für den Welpen schon eine kleine Herausforderung dar.

Erst wenn dies ohne Ablenkung sehr gut klappt, sollte man den Schwierigkeits-grad erhöhen und kleine Ablenkungs-reize für die Übung nutzen.

vermeintlich harmlose Hör-zeichen wie **SITZ** oder **PLATZ** bereits zu früh in „Ernstsituationen" des All-tags, obwohl noch kein sorg-fältiger Aufbau vorgenom-men wurde. Vergebliche Hörzeichen aber sind an dieser Stelle für den gesamten Erziehungszusammenhang genauso schädlich wie an jeder anderen und sollten deshalb dringend vermieden werden. Daher ist es in dieser Phase so wichtig, die Anforderungen nur langsam zu steigern und gleichzeitig dazu im Alltag (noch) darauf zu verzichten, vom Hund **SITZ** zu verlangen.

Üben unter leichter Ablenkung nun heißt das Durchführen des **SITZ** und Sitzenbleibens in Situationen, in denen leichte Ablen-kungsreize höchstens in der Ferne sichtbar sind. Das können bspw. Spaziergänger oder Radfahrer in einiger Entfernung vom Welpen sein oder eben andere Reize, die seine Aufmerksamkeit aber eben nur leicht erregen. Das kann natürlich bei jedem Welpen unter-schiedlich sein, ist aber am Erregungszustand des Hundes recht gut ablesbar. Erregt ein bestimmter Reiz einen Welpen sehr, so ist die Ablenkung für ihn im Moment noch zu groß. Ist sein Interesse dar-an jedoch nur kurz und unaufgeregt, so kann man von einer leich-ten Ablenkung ausgehen. In der Regel sind drei bis vier Übungsse-quenzen täglich, bei denen das Sitzen und Bleiben jeweils zwei bis drei Mal hintereinander geübt wird, optimal. Mehr und mehr sollte man dabei an verschiedenen Orten mit geringer Ablenkung trainie-ren. So sinnvoll es ist, in den ersten Tagen lediglich in den eigenen vier Wänden zu üben, so sollte nun variiert werden, um ortsgebun-denes Lernen zu vermeiden: auf ruhigeren Spazierwegen, im Gar-ten, auf dem Balkon usw. Ansonsten gelten die eingeführten Regeln: freundliches **SITZ** mit deutlichem Sichtzeichen, Hörzei-chen **NEIN**, falls der Hund aufsteht, erneutes Hörzeichen **SITZ** kurzes Verharren, Hörzeichen **LAUF** und freundliches Lob.

Übungsplan SITZ

Schritt	Wie wird's gemacht?	Wo?	Wie oft /Wie lange üben?	Hilfe, es klappt nicht!	Lernziel
Schritt 1	Welpe mit Leckerchen ins **SITZ** locken, Hörzeichen **SITZ** erst geben, wenn Welpe sitzt (nicht vorher!), dann Leckerchen geben, Lob und Hörzeichen **LAUF**.	Im Haus ohne jede Ablenkung.	Täglich mindestens 10 Mal.	Evtl. zu viel Ablenkung, Welpe zu müde oder satt.	Welpe lernt Hör- und Sichtzeichen **SITZ** mit seinem Hinsetzen zu verknüpfen. Einführung des Hörzeichens **LAUF**.
Schritt 2	Mit deutlichem Hör- und Sichtzeichen **SITZ** fordern, Leckerchen geben, Lob und sofortiges **LAUF**.	Ohne Ablenkung im Haus und bei ruhigen Spaziergängen.	Täglich mindestens 10 Mal.	Zurück zu Schritt 1. Außerdem attraktivere Leckerchen verwenden.	Hund setzt sich ohne Ablenkung auf das Hör- und Sichtzeichen **SITZ** hin.
Schritt 3	Mit deutlichem Hör- und Sichtzeichen **SITZ** fordern, drei bis fünf Sekunden warten, dann Leckerchen geben, loben, Hörzeichen **LAUF**.	Zunächst im Haus ohne Ablenkung, schließlich bei geringer Ablenkung auch auf dem Spaziergang.	Täglich mindestens 10 Mal.	Nicht mit müdem oder sattem Hund üben. Ggf. häufiger üben. Zurück zu Schritt 2.	Welpe befolgt das Hörzeichen auch unter ein klein wenig Ablenkung und bleibt schon drei bis fünf Sekunden sitzen.
Schritt 4	Nun unter langsam steigender Ablenkung mit deutlichem Hör- und Sichtzeichen **SITZ** fordern, drei bis fünf Sekunden warten, dann Leckerchen geben, loben, Hörzeichen **LAUF**.	Überall mit langsam steigender Ablenkung.	Täglich mindestens 10 bis 20 Mal.	Nicht mit müdem oder sattem Hund üben. Ggf. häufiger üben. Zurück zu Schritt 3.	Welpe befolgt Hörzeichen auch unter langsam steigender Ablenkung und bleibt dabei kurz sitzen.
Schritt 5	Sobald Hörzeichen **NEIN** etabliert ist und der Welpe beim **SITZ** mindestens Schritt 3 zuverlässig erreicht hat, soll er lernen, dass **SITZ** nur vom Menschen aufgehoben werden darf. Daher muss nun jeder Ansatz selbstständig aufzustehen, mit **NEIN** und einem erneuten **SITZ** korrigiert werden. Erst mit Hörzeichen **LAUF** wird der Welpe entlassen.	Zunächst erneut ohne Ablenkung, erst bei gutem Erfolg Ablenkung langsam steigern.	Täglich mindestens 10 bis 20 Mal, zunächst ohne Ablenkungsreize. Den Welpen in diesem Stadium nie mehr als wenige Sekunden am Stück sitzen lassen. **Faustregel** Im Welpenalter eher an der Ablenkung arbeiten und nicht an der Zeitdauer oder gar an der Entfernung vom Hund.	Überprüfen, ob häufig genug geübt wird und sorgfältig genug vorgegangen wurde. Für das **SITZ** in diesem Stadium darf der Hund keinesfalls müde oder erschöpft sein. Kriterien der ganzheitlichen Hundeerziehung einführen.	Welpe lernt, dass er **SITZ** nicht selbstständig aufheben darf und wartet geduldig auf **LAUF**.

**Etablierungs-
übung 4**

Lernziel

Der Welpe setzt sich auf das erste Hör- und Sichtzeichen **SITZ** hin und bleibt auch unter mittlerer Ablenkung sitzen, bis er das Freizeichen **LAUF** erhält.

So wird's gemacht

In dieser Lernphase sollte das **SITZ** langsam und schrittweise den Charakter einer isolierten Übung verlieren und fließend in verschiedenste Alltagssituationen eingebaut werden. Dabei ist es wichtig, zunächst nur solche Situationen zu wählen, die den Welpen erfahrungsgemäß nicht zu sehr erregen, ihn aber auch nicht völlig kalt lassen, um so ein mittleres Ablenkungsniveau zu gewährleisten. Nach wie vor sollte man zwecks besserer Kontrolle ausschließlich an der Leine arbeiten. Folgende ausweitbare Situationen sind dabei, je nach Hund, denkbar:

Der Welpe sitzt
- während der Mensch vor dem Spaziergang seine Jacke anzieht.
- beim Öffnen des Autos, bevor er einsteigen darf.
- vor seinem Futternapf, bis sein Mensch Freizeichen **LAUF** gibt.
- am Straßenrand vor dem Überqueren einer Straße.
- während ein Jogger oder Radfahrer vorbeifährt.
- bevor man die Haus- oder Wohnungstür öffnet und hinausgeht. (**Achtung!** Dennoch sollte der Hund Ihnen beim Hinausgehen den Vortritt lassen!)

Sollte der Hund aufstehen, bevor er das Freizeichen **LAUF** bekommen hat, so ist eine schnelle Korrektur sehr wichtig: Sofortiges Hörzeichen **NEIN** und ein direkt anschließendes, erneutes **SITZ** ermöglichen es, dem Welpen zu erkennen, dass er das **SITZ** nicht selbstständig aufheben darf. Es reicht übrigens völlig aus, dieses Stadium bis etwa zur 16. Lebenswoche erreicht zu haben, was, so wie beschrieben, bei täglichen kurzen Übungseinheiten durchaus realistisch ist. Das **SITZ** in den verschiedensten Alltagssituationen sollte dem Hund zum jetzigen Zeitpunkt langsam, aber sicher in Fleisch und Blut übergehen und ein ganzes Hundeleben lang beibehalten werden. So wird dieses Hörzeichen zu

Langsam und schrittweise sollte SITZ nun in verschiedenste Alltagssituationen eingebaut werden.

einer Selbstverständlichkeit und zu einem Prinzip des Alltags, was spezielles Üben zu festgelegten Zeiten überflüssig werden lässt.

Und wie geht es weiter?

Haben Sie die bislang formulierten Lernziele erreicht, wovon Sie ausgehen können, wenn der Hund in allen mittleren Ablenkungssituationen auf das erste Hörzeichen reagiert und insgesamt sehr selten korrigiert werden muss, so können Sie in den nächsten Wochen und Monaten die Ablenkungsreize unter denen sich der Hund setzen und sitzen bleiben soll, sukzessive steigern. Orientieren Sie sich dabei jedoch immer am Machbaren und Sinnvollen, wobei hier die besten Indikatoren die Erregung des Hundes in einer bestimmten Situation sowie Ihre Möglichkeiten der Einflussnahme sind. Es macht keinen Sinn, einem Hund, der völlig außer sich ist, weil ein Artgenosse ungebremst auf ihn zuläuft, **SITZ** abzuverlangen. Kontraproduktiv und für den Alltag auch völlig unnötig ist es, zu erwarten, dass der Hund sitzen bleibt, sobald man sich außer Sichtweite begibt. Viele Hundebesitzer verlangen von ihren Vierbeinern **SITZ** während der Autofahrt, was weder kontrolliert noch korrigiert werden kann und für den Hund auch kaum durchzuhalten ist, weil er im fahrenden Auto sitzend nicht sein Gleichgewicht halten kann. Ganz allgemein ist Sitzen auf Dauer übrigens wesentlich anstrengender für den Hund als Stehen oder Liegen. Der Welpe sollte – je nach Entwicklungsphase – nicht länger als zehn (!) Sekunden am Stück sitzen bleiben müssen. Beim ausgewachsenen Hund sind ein bis zwei Minuten ausreichend.

Kurz gefasst
SITZ

Um das Hörzeichen **SITZ** erfolgreich zu vermitteln, sollte man schrittweise vorgehen. Der richtige Zeitpunkt, zur nächsthöheren Etablierungsübung überzugehen, ist dann gekommen, wenn die derzeitige Schwierigkeitsstufe mindestens gut, besser aber sehr gut gemeistert worden ist.

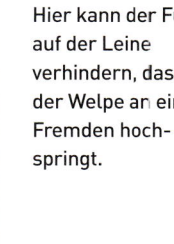

Hier kann der Fuß auf der Leine verhindern, dass der Welpe an einem Fremden hochspringt.

PLATZ

**Verknüpfungs-
übung 1**

Der Welpe lernt die Bedeutung des Wortes **PLATZ** und **LAUF** sowie das Sichtzeichen für **PLATZ**.

Ganz gleich, welche Variante der Verknüpfungsübung Sie wählen: Es sollte täglich mindestens 10 bis 15 Mal in ruhiger Umgebung, am besten in der Wohnung, geübt werden. Sie benötigen dazu mehrere kleine Belohnungshäppchen. Je nach Größe und Motivierbarkeit des Hundes bieten sich folgende Möglichkeiten an.

Variante 1

Legen Sie sich das Leckerchen auf die Handfläche und halten den Daumen darüber, um es zu fixieren. Machen Sie den Welpen mit **GUCK MAL** darauf aufmerksam, dass sich bei Ihnen etwas abspielt. Zeigen Sie ihm das Leckerchen, jedoch ohne es ihm zu geben. Stattdessen legen Sie die Hand

Führen Sie die flache Hand mit dem Leckerchen direkt vor der Nase des Welpen zu Boden.

nun vor dem Hund auf den Boden, sodass er das Futterhäppchen nicht mehr sehen kann. So lernt der Welpe das Sichtzeichen für **PLATZ** gleich mit. Die meisten Welpen werden sich hinlegen, um dem Leckerchen näher zu sein. In genau diesem Moment sollte Hörzeichen **PLATZ** sowie die Futterbelohnung gegeben werden, anschließend das Freizeichen **LAUF**. Bei Welpen, die nicht auf diese Variante ansprechen, bietet sich folgende Möglichkeit an:

Variante 2

Setzen Sie sich mit ausgestreckten Beinen auf den Boden und machen den Welpen mit **GUCK MAL** auf sich aufmerksam. Zeigen Sie ihm das Leckerchen und winkeln dabei Ihre Beine leicht an, sodass diese einen kleinen menschlichen Tunnel bilden. Versuchen Sie nun, den Welpen mit Hilfe des Leckerchens unter diesen „Tunnel" zu locken. Die Beine dürfen dabei nicht zu stark angewinkelt sein, da der Hund sonst nicht ausreichend animiert wird, sich beim Durchschlüpfen kleinzumachen und schließlich hinzulegen. Sobald er unter Ihre Beine geschlüpft ist, legen Sie die Hand flach und bewegungslos auf den Boden, sodass der Welpe das Leckerchen nicht mehr sehen kann. Auf diese Weise soll er bei dieser Variante das Sichtzeichen für **PLATZ** kennenlernen. Sobald er sich nun hinlegt, erfolgt Hörzeichen **PLATZ**, der Welpe bekommt die Futterbelohnung und erhält direkt im Anschluss Freizeichen **LAUF**.

Variante 3

Bietet sich vor allem bei großwüchsigen Welpen an. Nehmen Sie in der beschriebenen Weise das Leckerchen in die Hand, zeigen es dem Hund und locken ihn damit unter einen Stuhl oder Hocker. Selbstverständlich darf der Stuhl nicht größer sein als der Hund, sodass dieser sich kleinmachen muss, um unter ihm durchzuschlüpfen. Direkt unter den Stuhl nun legen Sie Ihre Hand mit dem Leckerchen nach unten auf den Boden. Sobald dem Hund diese geduckte Haltung unbequem wird und er sich hinlegt, geben Sie Hörzeichen **PLATZ** sowie das Leckerchen und Freizeichen **LAUF**.

Hier wird mit einem angewinkelten Bein ein Tunnel gebildet, unter den der Welpe mit Hilfe eines Leckerchens gelockt wird.

**Verknüpfungs-
übung 2**

Der Welpe reagiert ohne Ablenkung auf das bloße Sichtzeichen für
PLATZ, indem er sich sofort (noch ohne Hörzeichen!) hinlegt.

So wird's gemacht Diese Übungsphase ist vor allem für solche Hunde gedacht, die das
PLATZ bislang mit Variante 2 und 3 gelernt haben. Nach wie vor
erhält der Welpe Hörzeichen **PLATZ** noch nicht, um zu erreichen,
dass er sich hinlegt, sondern ausschließlich, wenn er sich hinlegt.
In dieser Phase, die bei täglichem, eifrigem Üben schon nach etwa
einer Woche erreicht werden kann, sollte nur in absolut ruhiger
Umgebung geübt werden. Nehmen Sie ein Leckerchen zur Hand,
machen den Welpen auf sich aufmerksam und führen die flache
Hand ohne weitere Hilfsmittel wie Hocker oder Tunnel zu Boden.
Sobald der Welpe sich hinlegt, erfolgt das Hörzeichen **PLATZ**, er
bekommt seine Belohnung sowie Freizeichen **LAUF**. Diese Übung
sollte über den ganzen Tag verteilt mindestens 15 Mal durchgeführt
werden. Es empfiehlt sich, die Plätze, an denen nun geübt wird, zu
variieren, jedoch ohne die Ablenkung zu steigern. Es reicht dazu
völlig aus, an verschiedenen Plätzen der Wohnung oder des Gartens
zu üben, sofern der Hund dort nicht zu stark abgelenkt ist. Auch
auf ruhigen Spazierwegen kann die Übung durchgeführt werden.

Etablierungs-übung 1

Der Welpe legt sich ohne Ablenkung sofort hin, sobald er Hör- und Sichtzeichen **PLATZ** erhält.

So wird's gemacht

Zu dieser Schwierigkeitsstufe können Sie übergehen, wenn Sie das Lernziel der Verknüpfungsübung 2 erreicht haben, der Welpe sich also auf das bloße Sichtzeichen für **PLATZ** unmittelbar hinlegt. Damit ist nämlich die Gefahr, dass der Hund in dieser Phase lernt, eingeforderte Hörzeichen zu ignorieren, so gut wie gebannt. Weiterhin sollte mit Leckerchen und in ablenkungsfreier Umgebung geübt werden. Zeigen Sie dem Hund das Leckerchen und geben unmittelbar im Anschluss daran Hör- und Sichtzeichen **PLATZ**. Achten Sie darauf, dass das Sichtzeichen überdeutlich ausgeführt wird und die Hand dabei ganz zu Boden geht. Liegt der Hund, erhält er seine Belohnung und das Freizeichen **LAUF** wie gehabt. Stellen Sie fest, dass der Hund auf das erste Hörzeichen nicht reagiert, sollten Sie sich keinesfalls dazu verleiten lassen, das Hörzeichen erneut zu geben. Lassen Sie stattdessen hartnäckig und wortlos Ihre Hand auf dem Boden. Das Leckerchen erhält der Hund nur, wenn er sich tatsächlich hinlegt. Macht er dazu keinerlei Anstalten, gilt es zu prüfen, warum. Sind Sie evtl. zu schnell vorgegangen und hatte der Welpe das Lernziel der Verknüpfungsübung 2 noch gar nicht erreicht? Dann müssen Sie wieder ein oder gar zwei Schritte zurückgehen und für diese Etablierungsübung ist es in einem solchen Fall noch zu früh. Auch sollte das eigene Verhalten im Rahmen der ganzheitlichen Erziehung geprüft werden. Da **PLATZ** immer eine kleine Einschränkung der Bewegungsfreiheit darstellt, reagieren Hunde, die bereits Grenzen kennen, einfach besser. In der Regel allerdings wird es bei einem sorgfältigen Aufbau bis zu diesem Punkt kaum Probleme geben. In dieser Phase sollte das **PLATZ** nicht weniger als 15 Mal über den ganzen Tag verteilt geübt werden.

Hier wird PLATZ bereits eingefordert, auch dabei hilft eine eindeutige Körpersprache.

**Etablierungs-
übung 2**

Lernziel

Der Welpe legt sich auf das erste Hör- und Sichtzeichen **PLATZ** in ablenkungsarmer Umgebung hin und bleibt liegen, bis er das Hörzeichen **LAUF** erhält. Voraussetzungen: Etablierung des Hörzeichens **NEIN**.

Bereits auf erste Ansätze aufzustehen sollte in dieser Phase reagiert werden, das erleichert dem Hund das Lernen.

So wird's gemacht   Ist das Lernziel der Etablierungsübung 1 ohne Abstriche erreicht, kann man mit der nächsten Übungsphase beginnen. Spätestens jetzt sollte auch hier nur an der Leine (auch in der Wohnung!) geübt werden, um eine entsprechende Kontrolle zu gewährleisten. Weiterhin sind Leckerchen und ablenkungsarme Umgebung erforderlich. Geben Sie Ihr Hör- und Sichtzeichen in der bekannten Weise. Da der Welpe bislang noch nicht weiß, dass **PLATZ** ab sofort **PLATZ UND BLEIB** bedeutet, wird er nach kurzer Zeit aufstehen. Warten Sie nun mit der Korrektur nicht, bis der Welpe bereits aufgestanden ist, sondern reagieren unmittelbar auf die erste Bewegung, die ein Aufstehen andeutet, mit einem energischen **NEIN**, einem sofortigen, erneuten Hörzeichen **PLATZ** sowie einer deutlichen Körpersprache: Ihre Hand und Ihr Oberkörper sollten direkt vor dem Hund nach unten gehen. Der Tonfall muss dabei, wie immer, an die Sensibilität des Tieres angepasst sein. Das heißt, Sie sollten energisch genug sein, um zu erreichen, dass der Hund in der gewünschten Weise reagiert und sich erneut hinlegt, aber nicht so energisch, dass er dabei völlig eingeschüchtert wirkt. Liegt der Welpe wieder, so warten Sie noch einen kurzen Moment ab: Es reicht zunächst vollkommen aus, wenn er drei bis vier weitere Sekunden liegen bleibt. Dann sollte ein freundliches **LAUF** erfolgen.

Achtung! Viele Besitzer machen den Fehler, dem Hund hier unmittelbar beim Aufstehen ein Leckerchen zu geben, belohnen damit jedoch nicht die folgsame Ablage, sondern ungewollt das Aufstehen; verzichten Sie daher darauf, dem Hund direkt nach dem **LAUF** einen Belohnungshappen zu geben. Das **PLATZ UND BLEIB** sollte nicht zu oft hintereinander durchgeführt werden. Zwei bis drei Mal direkt hintereinander sind ausreichend, dies allerdings mindestens drei Mal täglich. Am Ende der jeweiligen Übungssequenzen sollte ein kurzes Spiel stehen. Insgesamt braucht in dieser Phase keine zu ausgedehnte Abliegedauer angestrebt werden, je nach Hund sind am Ende dieser Stufe 20 bis 30 Sekunden, bevor das **LAUF** erfolgt, genug. Viel wichtiger ist, dass der Hund auf das erste Hör- und Sichtzeichen reagiert und lernt, dass **PLATZ** nun **PLATZ UND BLEIB** bedeutet und nicht selbstständig aufgehoben werden darf.

Etablierungs-übung 3 Lernziel	Der Welpe legt sich auf das erste Hör- und Sichtzeichen **PLATZ** auch bei leichter Ablenkung hin und bleibt liegen, bis er Hörzeichen **LAUF** erhält. Voraussetzungen: Lernziel der Etablierungsübung 2 ist in vollem Umfang erreicht.

So wird's gemacht   Während dieser Phase muss nicht mehr für jedes **PLATZ** ein Leckerchen gegeben werden. Die Belohnung darf nun variabel erfolgen, um beim Hund auch weiterhin eine Erwartungshaltung aufrechtzuerhalten, der allerdings nicht mehr jedes Mal entsprochen werden muss. Am Ende dieser Stufe werden Leckerchen für **PLATZ** dann immer seltener und schließlich zur Ausnahme. Die Leine sollte weiterhin ein wichtiges Hilfsmittel bleiben. Nun gilt es aufmerksam zu sein, und während der Ablage leichte Ablenkungsreize für den Hund mit einzubauen bzw. mit einzubeziehen, die ihn jedoch nicht zu stark erregen dürfen. Machen Sie sich eine gedankliche Liste aller Dinge, die hier in Frage kommen. Ähnlich wie bei **SITZ** bieten sich außerhalb des Hauses nun evtl. Radfahrer oder Jogger und Spaziergänger in einiger Entfernung an, bei denen nicht die Gefahr besteht, dass sie den Hund ansprechen, was zu diesem Zeitpunkt eine zu große Ablenkung darstellen würde. Auch der Garten kann nun ein geeigneter Übungsraum sein, sofern er keine zu großen Reizquellen bietet. Ansonsten variieren Sie die Plätze innerhalb der Wohnung und üben **PLATZ UND BLEIB**

PLATZ UND BLEIB
unter Ablenkung

Übungsplan PLATZ

Schritt	Wie wird's gemacht?	Wo?	Wie oft /Wie lange üben?	Hilfe, es klappt nicht!	Lernziel
Schritt 1	Welpe mit Leckerchen ins **PLATZ** locken, Hörzeichen **PLATZ** erst geben, wenn Welpe liegt (nicht vorher!), dann Leckerchen geben, Lob und Hörzeichen **LAUF**.	Im Haus ohne jede Ablenkung.	Täglich mindestens 10 Mal.	Ablenkung zu groß? Welpe evtl. satt? Attraktivere Leckerchen verwenden.	Welpe lernt, Hör- und Sichtzeichen **PLATZ** mit dem Hinlegen zu verknüpfen. Einführung des Hörzeichens **LAUF**.
Schritt 2	Mit deutlichem Hör- und Sichtzeichen **PLATZ** fordern, Leckerchen geben, Lob und sofortiges **LAUF**.	Ohne Ablenkung im Haus und bei ruhigen Spaziergängen.	Täglich mindestens 10 Mal.	Zurück zu Schritt 1.	Hund legt sich ohne Ablenkung auf das erste Hör- und Sichtzeichen **PLATZ** hin.
Schritt 3	Mit deutlichem Hör- und Sichtzeichen **PLATZ** fordern, drei bis fünf Sekunden warten, dann Leckerchen geben, loben, Hörzeichen **LAUF**.	Zunächst im Haus ohne Ablenkung, schließlich bei geringer Ablenkung auch auf dem Spaziergang.	Täglich mindestens 10 Mal.	Nicht mit müdem oder sattem Hund üben. Ggf. häufiger üben. Zurück zu Schritt 2.	Welpe befolgt das Hörzeichen auch unter ein klein wenig Ablenkung bei der ersten Aufforderung und bleibt drei bis fünf Sekunden geduldig liegen, bis er sein Leckerchen bekommt.
Schritt 4	Nun unter langsam steigender Ablenkung mit deutlichem Hör- und Sichtzeichen **PLATZ** fordern, drei bis fünf Sekunden warten, dann Leckerchen geben, loben, Hörzeichen **LAUF**.	Überall mit nur langsam steigender Ablenkung.	Täglich mindestens 10 bis 10 Mal.	Nicht mit müdem oder sattem Hund üben. Ggf. häufiger üben. Zurück zu Schritt 3.	Welpe befolgt erstes Hörzeichen auch unter langsam steigender Ablenkung und bleibt dabei kurz liegen.
Schritt 5	Sobald Hörzeichen **NEIN** etabliert ist und der Welpe beim **PLATZ** mindestens Schritt 3 zuverlässig erreicht hat, soll er lernen, dass **PLATZ** nur vom Menschen aufgehoben werden darf. Daher muss nun jeder Ansatz selbstständig aufzustehen, mit **NEIN** und einem erneuten **PLATZ** (auf deutliche Körpersprache achten!) korrigiert werden. Erst mit Hörzeichen **LAUF** wird der Welpe entlassen.	Zunächst erneut ohne Ablenkung, erst bei gutem Erfolg Ablenkung langsam steigern.	Täglich mindestens 10 bis 15 Mal zunächst ohne Ablenkungsreize Zeitdauer kann je nach Erfolg bis zu 30 Sekunden gesteigert werden. **Faustregel** Im Welpenalter eher an der Ablenkung arbeiten, Zeitdauer nur ganz langsam steigern, **PLATZ** auf Entfernung kann mit etwa einem halben Jahr geübt werden.	Überprüfen, ob ausreichend geübt wird und sorgfältig genug vorgegangen wurde. Kriterien der ganzheitlichen Hundeerziehung einführen.	Welpe lernt, dass er **PLATZ** nicht selbstständig aufheben darf und wartet geduldig auf **LAUF**.

Auch eine PLATZ-Sequenz sollte mit kommunikativem Spiel belohnt werden.

beispielsweise an der Schwelle zur Küche, im Flur usw. Sollte der Hund aufstehen, bevor Sie die Übung mit dem entsprechenden Hörzeichen aufheben, bleibt eine schnelle Korrektur in der beschriebenen Weise generell obligatorisch. Die Zeitdauer der Ablage sollte nur sekundenweise ausgedehnt werden. So ist eine Ablage von mehreren Minuten bis zu einem Alter von etwa 16 Wochen eine unnötige Überforderung. Eine halbe bis ganze Minute am Stück reichen bis zur Vollendung des 4. Lebensmonates aus.

Und wie geht es weiter?

Haben Sie innerhalb der **PLATZ**-Übung die bislang formulierten Lernziele erreicht, so sollten Sie bis zu einem Alter von etwa sechs Monaten nur wenig an der zeitlichen Ausdehnung der Ablage arbeiten, was selbstverständlich nicht bedeutet, dass der Hund nicht korrigiert werden soll, wenn er sich gegen Ende der Übung ohne Freizeichen **LAUF** erhebt. Auch stellt es häufig eine Überforderung dar, **PLATZ** auf Distanz zu üben, d. h. vom Welpen **PLATZ** zu fordern und sich bereits einige Meter vom liegenden Hund zu entfernen. Ein bis zwei Schritte sind bis zum 6. Monat ausreichend. Sinnvoller ist es, nach Erreichen des letzten hier aufgeführten Lernziels an der Steigerung der Ablenkung zu arbeiten, unter der der junge

Hier wird eine lang-
same Überführung
der PLATZ-Übung
in den Alltag vor-
genommen.

Hund liegen bleiben soll. Dabei gilt es wie gehabt, langsam und schrittchenweise an den verschiedensten Orten vorzugehen. Da Sie Ihren Hund bis zu diesem Zeitpunkt schon sehr gut einschätzen gelernt haben, werden Sie leicht beurteilen können, welche Form von Ablenkung für ihn eine mittlere, welche eine gesteigerte und welche eine starke Ablenkung darstellt. Genau daran sollten Sie die Situationen, in denen nun **PLATZ** verlangt wird, messen und zur nächsthöheren Ablenkungssituation erst dann übergehen, wenn Sie bei einer niedrigeren Stufe über einen Zeitraum von mindestens ein bis drei Wochen sehr erfolgreich waren, d. h. der Hund sich auf Hör- und Sichtzeichen schnell hinlegt und selten korrigiert werden muss. Gerade die **PLATZ**-Übung sollte über den kompletten Verlauf der Pubertät, also mindestens bis zum 18. Lebensmonat, regelmäßig (täglich!) und unter steigenden Anforderungen eingefordert werden. Nochmals möchten wir darauf hinweisen, dass der Hund spätestens in dieser Phase auch beim **PLATZ** häufig gegen seine eigenen Interessen handeln wird. Je ganzheitlicher seine Erziehung nun verläuft, desto weiter wird man auch mit dieser Übung kommen, da der Welpe die umfassende Idolfunktion des Menschen bereits an vielen Stellen seines Alltags erlebt hat und so täglich lernt, dass er seine eigenen Interessen nicht immer durchsetzen kann. Möchten Sie zu einem bestimmten Zeitpunkt das **PLATZ** in den Alltag einbauen, so gilt es immer zu bedenken, dass ein verlangtes Hörzeichen auch durchsetzbar sein muss und Sie in jedem Fall sowohl die Zeit als auch die Nerven mitbringen müssen, den Hund ggf. zu korrigieren.

Info
Was tun, wenn der Welpe sich hinlegen soll, aber PLATZ noch nicht beherrscht?

Bei regelmäßigen und täglichen kleinen Übungssequenzen und bei langsam steigenden Anforderungen kann man mit dem **PLATZ** bereits in wenigen Wochen recht weit kommen. Dennoch wird man im Alltag von Anfang an auf Situationen stoßen, in denen sich der Welpe hinlegen soll, aber das **PLATZ** noch gar nicht zuverlässig beherrscht, so z. B. in Gaststätten, bei Besuch von Freunden oder auch zu gewissen Zeiten im eigenen Haus. In solchen Fällen wird man sehr guten Erfolg damit haben, den Fuß auf die Leine des Hundes zu stellen, sodass dieser zwar stehen, sitzen oder liegen, aber nicht herumhampeln oder gar an jemandem hochspringen kann. Da Welpen noch sehr wenig Erfahrung mit penetranter Aufmerksamkeitsheischerei haben und darüber hinaus sich aufgrund ihres zarten Alters in der Regel sehr gut anpassen können, werden sie sich nach einer Weile – sofern sie niemand beachtet – ganz von selbst hinlegen und akzeptieren, dass sie eine Ruhephase einlegen sollen. Dazu ist keinerlei Hörzeichen erforderlich. Wichtig ist jedoch, dass man völlig ruhig agiert. Stellen Sie den Fuß wortlos auf die Leine, sprechen den Hund nicht an und nehmen auch keinen Blickkontakt zu ihm auf. Sobald sich der Welpe hingelegt hat, was durchaus eine kurze Zeit in Anspruch nehmen darf, können Sie den Fuß ohne Kommentar von der Leine nehmen. Führen Sie dies konsequent mehrmals pro Woche in verschiedenen Situationen durch, so wird es für den jungen Hund sehr schnell zu einer Selbstverständlichkeit, sich zu bestimmten Zeiten ruhig hinzulegen und ein kleines Nickerchen zu halten.

Leinenführigkeit

Lernziel

Der Welpe lernt, dass man an der Leine nur weiterkommt, wenn man nicht daran zieht und läuft entspannt auf der Höhe seines Menschen.

Entscheiden Sie sich für eine Seite

Unter Leinenführigkeit wollen wir hier ein ordentliches Laufen an der Leine neben dem Menschen verstehen, ohne nach vorne zu ziehen. Ob Sie sich dabei dafür entscheiden, den Welpen links oder rechts zu führen, bleibt ganz Ihnen überlassen. Für die erste Zeit sollten Sie es jedoch beim Laufen auf nur einer Seite belassen, um dem Hund das Lernen zu erleichtern. Gestatten Sie dem Welpen dabei nicht, beim Laufen beliebig die Seiten zu wechseln. Insgesamt sollte darauf geachtet werden, dass beim Hund, sobald er sich an der kurzen Führleine befindet, der Eindruck entsteht, dass der Mensch Tempo sowie Richtung vorgibt und auch bestimmt, wann wo stehen geblieben wird. Daher sollte man sich ein gleichmäßiges, eher flottes Tempo angewöhnen und eben nicht jedem Impuls des

Welpen stehen zu bleiben, um zu schnuppern usw., nachgeben. Sinnvoller ist es, regelmäßig dann stehen zu bleiben, wenn der Welpe gerade nicht danach verlangt und stattdessen ordentlich an der Leine läuft. So kann er seinen Bedürfnissen nachgehen, macht jedoch nicht die unerwünschte Lernerfahrung, dass er an der Leine den Ton angibt.

Gestattet man dem Welpen, die Leine als Spielzeug zu benutzen, so bleibt der Weg zum leinenführigen Hund steinig.

Gründe für das Ziehen an der Leine

Bevor wir zu den konkreten Erziehungsvarianten kommen, möchten wir gerne noch auf einen Aspekt hinweisen, der auf dem Weg zum leinenführigen Hund eine sehr große Rolle spielt, jedoch streng genommen unter die Überschrift „Umweltsozialisation" gehört. Viele juvenile und erwachsene Hunde ziehen an der Leine, weil sie ihre Umgebung unverhältnismäßig stark aufregt. Diese Aufregung kann sich in purer Angst äußern und der Hund zieht an der Leine, um sich einer Situation, die in überfordert (bspw. ein Stadtbesuch), zu entziehen. Bei einem anderen Tier zeigt sich die Aufregung dadurch, dass es völlig überdreht wirkt, jeden der neuen aufregenden und ungewohnten Gerüche mitnehmen zu wollen scheint und seinen Menschen bald hierhin, bald dorthin zieht. Die Ursache einer solchen Aufregung ist in der Regel eine mangelhafte Umweltsozialisation, die Folgen an dieser Stelle unangenehmes und starkes Leinenziehen. Leider ist an dem inneren Zustand, in dem sich ein Tier mit schlechter Sozialisation in ablenkungsstarker Umgebung befindet, kaum etwas zu ändern. Einige erwachsene Tiere beruhigen sich etwas durch das Tragen eines Brustgeschirrs, bei anderen kann ab einem bestimmten Alter ein Kopfhalfter gute Dienste tun. Doch völlig gelassenes Laufen an der Leine in allen Situationen ist bei solchen Tieren nur schwer zu erreichen. Deshalb unser Appell: Ein gut leinenführiger Hund benötigt eine gute Umweltsozialisation bis zur 16. Lebenswoche (S. 174), um gelassen neben seinem Menschen an der Leine laufen zu können! Nutzen Sie diese Zeit optimal und Sie haben den wichtigsten Schritt in die gewünschte Richtung bereits gemacht.

Bereits bevor der Welpe die Leine vollständig anspannt, wird er mit einem Leckerchen abgelenkt und so am Ziehen gehindert ...

**Variante 1
Stehenbleiben**

Bei den nun beschriebenen Varianten geht es darum, zu verhindern, dass der Welpe mit dem Ziehen an der Leine Erfolg hat, denn das ist die Crux bei der ganzen Sache: Der Hund zieht an der Leine, weil er vorwärts kommen möchte, der Mensch läuft weiter und das Tier lernt, dass Leinenziehen eine Erfolg versprechende Strategie ist. Übrigens können die nun folgenden Varianten durchaus gemischt, müssen dabei aber insgesamt sehr konsequent angewandt werden. Bei dieser Maßnahme nun gilt es, abrupt und ohne Worte oder Hörzeichen stehen zu bleiben, sobald sich die Leine anspannt. Lockert der Hund die Leine, kann weitergelaufen werden. Zugegebenermaßen kann es recht lange dauern, bis man auf diese Weise von der Stelle kommt. Daher ist diese Möglichkeit am besten für sehr sensible Tiere geeignet oder für Situationen, in denen der Welpe nur gering bis mittel abgelenkt ist, sich also in keinem hohen Erregungszustand befindet.

Bleibt man stehen, sobald der Welpe zieht, verhindert man, dass er lernt das Ziehen für eine Erfolg versprechenden Strategie zu halten.

... auch eine Kehrt-
wendung kann
dabei mit eingebaut
werden.

**Variante 2
Verhindern des
Ziehens durch
Ablenkung**

Bei dieser Möglichkeit braucht man ein ebenso gutes Auge und
Timing, denn es gilt den Moment abzupassen, bevor sich die Leine
vollständig anspannt, weil der Welpe daran zieht. Sie benötigen eine
Hand voll kleinster Leckerchen, die jederzeit griffbereit sein müssen. Kurz bevor sich die Leine nun anspannt, macht man den Welpen mit einem kurzen und freudigen **GUCK MAL** auf sich aufmerksam und gibt ihm, sobald er Blickkontakt aufnimmt, das
Leckerchen. Doch Achtung: Macht man den Hund erst dann auf
sich aufmerksam, um ihm ein Häppchen zu geben, wenn sich die
Leine bereits angespannt hat, belohnt man ungewollt das Ziehen an
der Leine! Diese Methode ist besonders gut geeignet für Welpen, die
sich über Futter sehr gut motivieren lassen und für das Zurücklegen
kurzer Strecken, bei denen man dem Hund, während man läuft,
auch die Hand mit dem Futter ohne Hörzeichen einfach vor die
Nase halten und ihm alle paar Schritte ein Leckerchen geben kann.

**Variante 3
Kehrtwendung**

Diese Variante ist einfach und bei konsequentem Einsatz sehr effektiv. Sobald sich die Leine anspannt, wird unvermittelt eine Kehrtwendung in die andere Richtung eingeschlagen. Auch dabei sollte
wortlos und ohne Hörzeichen vorgegangen werden. Auf diesem Weg

Tipp
Den Welpen tragen

Da Hunde sich von Haus
aus trabend fortbewegen,
sind Sie dem gehenden
Menschen in der Regel
schnell einige Schritte
voraus. Müssen Sie mit
dem Welpen an der kurzen
Leine einmal rasch einen
kleinen Weg zurücklegen
und Sie bemerken, dass er
dabei stark an der Leine
zieht, empfiehlt es sich,
sofern möglich, den Hund
auf den Arm zu nehmen,
damit er mit dem Ziehen
keinen Erfolg hat.

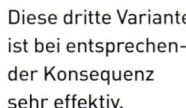

Diese dritte Variante ist bei entsprechender Konsequenz sehr effektiv.

kann der Welpe lernen, dass er mit dem Ziehen an der Leine das komplette Gegenteil von dem erreicht, was er möchte: Er kann nicht in die gewünschte Richtung laufen, sondern muss – sobald gezogen wird – einen ganz anderen Weg einschlagen. Es ist bei dieser Variante übrigens ausreichend, nur wenige Schritte in die entgegengesetzte Richtung zu laufen. Sobald der Hund die Leine lockert, können Sie erneut umdrehen und die gewünschte Richtung wieder aufnehmen. Bitte achten Sie darauf, dass der Welpe bei der Kehrtwendung keinen Ruck erhält, sondern lediglich an der Leine mitgeführt wird.

Egal, welche der genannten Varianten Sie wählen: Insgesamt ist es für den Erwerb einer vernünftigen Leinenführigkeit wichtig, dass der Hund so wenig Erfolg wie möglich mit dem Ziehen an der Leine hat. Dies, gepaart mit einer soliden Sozialisierung in puncto Stadt, Verkehr, belebte Fußwege, Menschenansammlungen usw., lässt die Situationen, in denen der Hund in seinem späteren Leben an der Leine ziehen wird, auf ein erträgliches Minimum zusammenschrumpfen.

Was man noch tun kann, um Leinenziehen zu verhindern

Häufig muss oder will man im Alltag mit dem Welpen an kurzer Leine an einer bestimmten Stelle einen Moment stehen bleiben, bspw. um sich zu unterhalten. Dabei beobachtet man häufig das Phänomen, dass der Welpe dabei keineswegs ruhig verharrt, sondern versucht, seinen Menschen bald in die eine, bald in die andere Richtung zu ziehen. Dabei erringen viele Hunde durchaus regelmäßige Teilerfolge und erreichen durch ihr Ziehen, dass der Mensch den einen oder anderen Schritt von seiner eigentlichen Standposition aufgibt. Leider verstärkt dies die Einsicht, dass

Übungsplan zur Leinenführigkeit

Schritte	Wie wird's gemacht?	Wo?	Wie oft/Wie lange üben?	Hilfe, es klappt nicht!	Lernziel
Schritt 1	Stehenbleiben. Welpen auf einer Seite führen. Sobald sich die Leine anspannt und nicht mehr locker herunterhängt, abrupt stehenbleiben. Wenn sich die Leine wieder lockert, weiterlaufen.	Immer und überall.	Möglichst alle Situationen nutzen, in denen der Welpe an der kurzen Leine läuft	Solange der Welpe noch klein genug ist, ruhig kurze Strecken tragen, wenn es schnell gehen muss. Zusammenhang zwischen Leinenführigkeit und Umweltsozialisation beachten!	Der Welpe lernt, dass das Ziehen an der Leine ihn nicht weiterbringt.
Schritt 2	Verhindern des Ziehens durch Ablenkung. Kurz bevor (!) sich die Leine anspannt, Welpen mit freundlichem **GUCK MAL** ablenken und kleines Leckerchen geben.	Immer und überall.	Möglichst alle Situationen nutzen, in denen der Welpe an der kurzen Leine läuft.	Siehe oben. Außerdem: Hund evtl. satt? Leckerchen von der täglichen Futterration abziehen.	Welpe zieht erst gar nicht bzw. höchst selten an der Leine.
Schritt 3	Kehrtwendung. Sobald sich die Leine anspannt, schnell und unvermittelt umdrehen und in entgegengesetzte Richtung weiter laufen. Sobald die Leine wieder locker durchhängt, kann in Ursprungsrichtung weiter gelaufen werden.	Immer und überall.	Möglichst alle Situationen nutzen, in denen der Welpe an der kurzen Leine läuft.	In allen Situationen möglichst konsequent auf eine der drei Varianten zurückgreifen, ansonsten wie oben.	Welpe lernt, dass er nur an der lockeren Leine in die gewünschte Richtung kommt.

Ziehen an der Leine zum gewünschten Ergebnis führt beim Hund ungemein. Wir empfehlen daher in solchen Situationen, in denen der Welpe nun einmal geduldiges Warten lernen muss, grundsätzlich den Fuß auf die Leine zu stellen, sodass der Hund zwar noch bequem stehen, aber weder an der eigenen Position noch an der seines Menschen etwas ändern kann. Dieser kleine Trick mindert die Gefahr, dass Ziehen an der Leine ein weiteres Mal Erfolg bringt in hohem Maße.

Auch hier wird der Welpe mit Leckerchen und GUCK MAL abgelenkt, bevor sich die Leine komplett anspannt.

Info
Mit dem Hund in der Stadt ohne Leine

Vielen Hundebesitzern ist es ein Herzenswunsch, mit ihrem Hund ohne Leine durch die Stadt zu schlendern. Aus diesem Grund wird uns die Frage nach dem „Ab wann kann ich ohne Leine in der Stadt ...?" sehr häufig gestellt. Wir haben an anderer Stelle bereits darauf hingewiesen: Wie entspannt der Hund sich ganz allgemein in der Stadt verhält, darüber entscheiden in sehr hohem Maße Sorgfalt und zeitliches Engagement, die man in die Umweltsozialisation der ersten 16 Lebenswochen gesteckt hat. Hinzu kommen selbstverständlich eine konsequente Einhaltung aller Maßnahmen, die verhindern, dass der Hund lernt, selbst zu entscheiden, wann er wem folgt und wann er wohin läuft. Und dennoch: Auch der wohlerzogenste und rundum sehr gut sozialisierte Hund kann sich in bestimmten Situationen erschrecken und sich so in Gefahr bringen oder auch schlicht anderen, nicht hundeerfahrenen Zeitgenossen allein durch die Tatsache, dass er nicht angeleint ist, Furcht einflößen. Daher empfehlen wir prinzipiell, den Hund in der Stadt anzuleinen.

FUSS-Laufen für Welpen

Was heißt FUSS-Laufen?

Unter **FUSS** verstehen wir hier das korrekte Laufen auf einer Seite ganz nah am Bein des Menschen. Dabei soll der Hund eine große Aufmerksamkeit und Fixierung auf seinen Menschen zeigen und jede Wendung nah an ihm mitvollziehen. Dieses hehre Ziel zu erreichen, ist nur mit regelmäßigem Training möglich und die entsprechenden Übungen dazu müssen oft ein Hundeleben lang durchgeführt werden. Beim Welpen bis zur 16. Lebenswoche kann hierzu nur der Grundstein gelegt werden. Ein **FUSS**-Training in Hundeplatzmanier, wie es viele erwachsene Tiere absolvieren, würde eine völlig abzulehnende Überforderung darstellen.

Vor allem mit beschäftigungsbegeisterten Welpen und Junghunden kann man schon frühzeitig FUSS üben.

Verknüpfungs-übung FUSS

Lernziel

Der Welpe lernt das Hörzeichen **FUSS** mit dem engen und aufmerksamen Laufen neben dem Menschen verbinden. Voraussetzungen: Der Welpe ist weder müde noch satt. Die letzte Mahlzeit sollte einige Stunden zurückliegen.

So wird's gemacht

Dazu benötigt man eine große Anzahl kleinster Leckerchen. Bei Hunden, die sich über Futter schlecht motivieren lassen, können diese Leckerchen anstelle einer Mahlzeit gegeben werden. Der Hund sollte die Führleine tragen und die Übungsumgebung für diese ersten Schritte ablenkungsfrei sein. Nehmen Sie die Leine in die eine Hand – auch hier bleibt es Ihrer persönlichen Vorliebe überlassen, welche Seite Sie wählen – und einige Leckerchen in die andere. Optimal ist es, wenn man einen Leckerchenbeutel trägt, in dem sich der nötige Nachschub befindet. Beugen Sie sich zum Hund,

Ist der Welpe noch deutlich kleiner, so muss sich der Mensch weiter herunterbeugen. Das bedarf durchaus einiger körperlicher Fitness.

halten ihm die Hand mit den Leckerchen direkt vor die Nase und laufen mit aufmunternder Stimme los. Achten Sie darauf, dass Sie die Leckerchenhand nicht zu hoch halten und auch nicht abrupt vom Hund wegziehen, damit keine Gefahr besteht, dass er hochspringt. So wird sich der Welpe, gelenkt durch die Hand mit den Belohnungshäppchen, automatisch in der richtigen Position für die **FUSS**-Übung befinden. Damit der Hund nun lernt, diese Position direkt neben Ihnen mit dem Hörzeichen **FUSS** zu verknüpfen, soll er während des Laufens alle drei bis vier Schritte gleichzeitig zum Hörzeichen ein Leckerchen erhalten. Keinesfalls sollte in dieser Phase bereits länger gelaufen werden, ohne dass Hörzeichen und Leckerchen erfolgen, denn die Konzentrationsfähigkeit eines Welpen ist begrenzt und seine Motivation soll so hoch wie möglich gehalten werden. Laufen Sie nicht nur geradeaus und biegen ruhig auch schon einmal nach links oder rechts ab, denken dabei aber immer daran: alle drei bis vier Schritte Hörzeichen plus Leckerchen! Brechen Sie die Übung immer mit einem deutlichen **LAUF** ab und lassen ihr ein kurzes Spiel folgen. Bei dieser Übung, die im Grunde schon direkt nach der Übernahme ab der achten Lebenswoche durchgeführt werden kann, reichen in den ersten Tagen wenige Meter **FUSS**-Laufen bzw. ein bis zwei Minuten Üben am Stück völlig aus. In den nächsten ein bis zwei Wochen sollte täglich mindestens ein, besser zwei oder drei Mal jeweils ein bis zwei Minuten **FUSS** geübt werden, sofern man Wert darauf legt, dass der Welpe das Hörzeichen zuverlässig verknüpfen lernt. Die Ablenkung darf zu diesem Zeitpunkt nicht gesteigert werden. Es ist außerdem wichtig, diese Übung dann mit **LAUF** abzubrechen, wenn der Welpe noch motiviert ist und Sie den Eindruck haben, dass er durchaus noch Lust hätte, weiterzumachen. Überfordert man den Welpen durch eine zu lange Übungseinheit, so besteht die Gefahr, dass er **FUSS**-Laufen mit Unlustgefühlen verbindet.

Etablierungsübung FUSS

Lernziel

Der Welpe lernt schrittweise, seine Konzentration beim **FUSS**-Laufen länger aufrechtzu erhalten. Voraussetzungen: Der Welpe hatte genügend Gelegenheiten, Hörzeichen und Handlung zu verknüpfen, und läuft mit Hilfe von Leckerchen bereits freudig und aufmerksam einige Meter eng beim Menschen.

So wird's gemacht

Beginnen Sie nun jede Übungseinheit, indem Sie mit einem freudigen **FUSS**, dem Hund an der Leine und den Leckerchen in der anderen Hand loslaufen. An den äußeren Gegebenheiten sollte sich in dieser Phase nichts ändern, d. h. auf eine ablenkungsarme Umgebung ist weiterhin zu achten. Nun kann die zeitliche Dauer der einzelnen Übungseinheiten sachte gesteigert werden. Je nach Alter des Welpen muss man dabei dessen derzeitige Konzentrationsfähigkeit zum Maß der Dinge machen. Es besteht nämlich ein himmelweiter Unterschied zwischen einem beispielsweise neun und einem 13 oder 14 Wochen alten Welpen, Letzterer wird sich mit Leichtigkeit schon wenige Minuten länger am Stück auf so eine anspruchsvolle Übung konzentrieren können. Egal aber, wie alt Ihr Welpe gerade ist: Am Ende der Übungseinheit muss auch in dieser Phase ein immer noch motivierter Hund stehen, weswegen auch hier jede Übung abgebrochen werden muss, bevor der Welpe Überdruss empfindet. Bauen Sie nun in Ihre Übungseinheiten immer mehr kleine Schnörkelchen und Wendungen ein, damit sie nicht zu eintönig werden, Sie können sich auch einen kleinen Parcours aus Stangen oder Stöcken erstellen,

die umrundet werden. Sodann dünnen Sie die Leckerchengabe etwas aus, geben dem Welpen nun nicht mehr alle drei bis vier Schritte ein Belohnungshäppchen, sondern – je nach Konzentrationsfähigkeit – nur noch alle fünf bis sechs oder sechs bis acht Schritte. Dazu sollten Sie aber erst übergehen, wenn der Welpe auf dem Weg bis zum nächsten Leckerchen weder Lust noch Aufmerksamkeit verliert. Vergessen Sie nach wie vor nicht, jede Leckerchengabe mit dem Hörzeichen **FUSS** zu verbinden. Optimal sind nun täglich zwei bis drei kurze Übungseinheiten von nur wenigen Minuten. Beenden Sie jede Einheit mit einem eindeutigen **LAUF** und einem kurzen Spiel.

Kurz gefasst
FUSS-Training für Welpen

Zunächst sollte der Welpe Gelegenheit haben, das Hörzeichen **FUSS** in Form einer nur wenige Schritte dauernden Übung mit Hilfe von Leckerchen zu erlernen. Sodann sollte bis etwa zur 16. Lebenswoche die tägliche Übungsdauer an die jeweilige Entwicklungsphase des Welpen angepasst werden und sich dabei in einem zeitlichen Rahmen von einer bis maximal drei bis vier Minuten am Stück bewegen. Bei einem sehr motivierten und konzentrationsfähigen Tier können durchaus mehrere der kleinen Übungseinheiten über den Tag verteilt durchgeführt werden.

FUSS und wie es weitergeht

Bis etwa zur 16. Lebenswoche sollte **FUSS** auf die genannte Weise geübt werden. Ist man fleißig und erfolgreich, wird man am Ende des vierten Lebensmonats einen Hund haben, der an der Leine mit Hilfe von Futter und ohne Ablenkung einige Minuten am Stück freudig und flott am Fuß seines Menschen mitläuft. Bis zum sechsten Monat nun sollte weiterhin die Ablenkung, unter der geübt wird, kaum gesteigert werden. Sinnvoller ist eine Ausdehnung der Zeitdauer und eine weitere Ausdünnung der Leckerchen, wobei jedoch beide Faktoren nur modifiziert werden dürfen, wenn der Hund nach wie vor eine hohe Motivation und keinerlei Unlust oder Langeweile zeigt. Gänzlich gestrichen werden dürfen die Leckerchen übrigens nicht, die Erwartungshaltung des Hundes beim **FUSS**-Laufen muss auch weiterhin regelmäßig bestätigt werden. Bis zum Ende des sechsten Lebensmonates sollten die am Stück durchgeführten Übungseinheiten fünf bis sechs Minuten nicht

überschreiten. Man sollte dabei nur selten längere Stücke geradeaus laufen, sondern immer mehr Wendungen und Bögen mit einbauen. So fällt es dem Hund leichter, sich zu konzentrieren und er wird mehr Freude an der Übung haben. Ein kommunikatives Spiel am Ende einer jeden Einheit sollte zu keiner Phase ausbleiben.

Mit etwa einem halben Jahr kann man langsam die Ablenkung, unter der geübt wird, steigern. Hier bieten sich leicht frequentierte Fuß- und Spazierwege an. Zu dieser Schwierigkeitsstufe sollte man aber erst übergehen, wenn man ohne Ablenkung bereits sehr erfolgreich ist. Als Nächstes kann man langsam aber sicher **FUSS** immer häufiger in machbare Situationen des Alltags einbauen, z. B. ein kurzes **FUSS**, um an einer Reihe Passanten vorbeizulaufen usw. Dabei darf nicht vergessen werden, den Hund immer wieder mit Leckerchen zu bestätigen und auch dem Alltags-**FUSS** nach dem Hörzeichen **LAUF** ein kurzes Spiel folgen zu lassen. Es empfiehlt sich übrigens nicht, in dieser Phase schon auf die Leine zu verzichten. Insbesondere der pubertierende Hund wird versuchen, Hörzeichen auch einmal zu umgehen. Mit der Leine in der Hand sind Sie auf der sicheren Seite. Möchte man auch weiterhin am **FUSS** feilen, so sollte man die nächsten Schritte mit einer Gruppe Gleichgesinnter unternehmen und sich einem Club, einem Verein oder einer Hundeschule anschließen. Das Üben mit anderen macht nicht nur viel mehr Spaß; man erhält auch jede Menge Tipps sowie verschiedenste Übungsanreize für den heranwachsenden Hund. Meiden sollte man allerdings Starkzwangvertreter und ausschließliches Üben auf eingezäunten Plätzen. Training für korrektes **FUSS**-Laufen muss unter verschiedenen, alltagstauglichen Bedingungen stattfinden, um nicht zu einer rein ortsgebundenen Dressur zu verkommen.

Achten Sie darauf, nicht zu eintönig zu üben und beenden jede Einheit mit einem bewegungsaktiven Spiel!

Service

Kontakt

Aschaffenburger Hundeschule

Die Aschaffenburger Hundeschule
Petra Führmann und Iris Franzke GbR
Würzburger Straße 89
63743 Aschaffenburg
Tel.: 06021-20156
Fax: 06021-219194
info@hundeschule-ab.de
www.hundeschule-ab.de

Wenn Sie Probleme haben

Wenn Sie ein Problem mit Ihrem Hund haben, können Sie sich gerne an uns wenden. Bitte bedenken Sie, dass wir keinerlei Ferndiagnosen stellen können und dies auch in höchstem Maße unseriös wäre. Sie können uns aber gerne in unserer Hundeschule besuchen. (Anfragen bitte per eMail oder mit frankiertem Rückumschlag – Herzlichen Dank!)

Hundezubehör

Sinnvolles und von uns getestetes Hundezubehör finden Sie in unserem Onlineshop unter
www.hundeshop-ab.de

Hundetrainer-Ausbildung

Sie möchten Hundetrainer werden oder sich fortbilden? Infos und Seminarangebote finden Sie unter
www.hundetrainer-werden.de

Die Autorinnen – von linke nach rechts: Iris Franzke, Petra Führmann und Nicole Hoefs

Zum Weiterlesen

Feddersen-Petersen, Dorit Urd: **Hundepsychologie**.
Kosmos 2004.

Führmann, Petra und Nicole Hoefs: **Erziehungsspiele für Hunde.** Kosmos 2002.

Führmann, Petra und Iris Franzke: **Erziehungsprobleme beim Hund.** Kosmos 2004.

Führmann, Petra und Iris Franzke: **Zwei Hunde – doppelte Freude.** Kosmos 2005.

Hoefs, Nicole und Petra Führmann: **Das Kosmos Erziehungsprogramm für Hunde.** Kosmos 2006.

Hoefs, Nicole und Petra Führmann: **Was liest der Hund am Laternenpfahl?** Kosmos 2007.

Lausberg, Frank: **Erste Hilfe für den Hund.** Kosmos 1999.

Niepel, Gabriele: **Kastration beim Hund.** Kosmos 2006.

Nützliche Adressen

Verband für das Deutsche Hundewesen e. V. (VDH)
Westfalendamm 174
44141 Dortmund
info@vdh.de
www.vdh.de

Österreichischer Kynologen-verband (ÖKV)
Sigfried Marcus Strasse 7
2362 Biedermannsdorf
Österreich
office@oekv.at
www.oekv.at

Schweizerische Kynologische Gesellschaft SKG
Brunnmattstrasse 24
3007 Bern
Schweiz
skg@skg.ch
www.skg.ch

Register

Bildnachweis

Die Farbfotos für dieses Buch wurden von der bekannten Fotografin Verena Scholze / Kosmos extra für dieses Buch angefertigt.
38 Fotos stammen außerdem noch von:
Thomas Höller / Kosmos (4 Fotos: S. 60, 61, 208, 210 links),
Mareike Rohlf / Kosmos (32 Fotos: S. 34, S. 35, 36, 37, 38, 39, 40, 41, 42, 43, 44, 54, 64, 65, 76, 77, 155) und Christof Salata / Kosmos (2 Fotos: S. 209).

Impressum

Umschlaggestaltung von eStudio Calamar unter Verwendung von Farbfotos von Sabine Stuewer (U1) und Verena Scholze (U4)

Mit 380 Farbfotos

Unser gesamtes lieferbares Programm und viele weitere Informationen zu unseren Büchern, Spielen, Experimentierkästen, DVD, Autoren und Aktivitäten finden Sie unter **www.kosmos.de**

Gedruckt auf chlorfrei gebleichtem Papier

© 2008, Franckh-Kosmos Verlags-GmbH & Co. KG, Stuttgart
Alle Rechte vorbehalten
ISBN 978-3-440-11132-1
Redaktion: Ute-Kristin Schmalfuß
Produktion: Eva Schmidt
Gestaltungskonzept und Satz: eStudio Calamar
Printed in Italy / Imprimé en Italie

Bücher für Hundefreunde

Hoefs/Führmann
Das Kosmos Erziehungsprogramm für Hunde
256 Seiten, ca. 400 Abbildungen
€/D 26,90; €/A 27,70; sFr 48,10
ISBN 978-3-440-10638-9

■ So erziehen Sie Ihren Hund mit sanften Methoden zu einem gehorsamen und fröhlichen Gefährten.

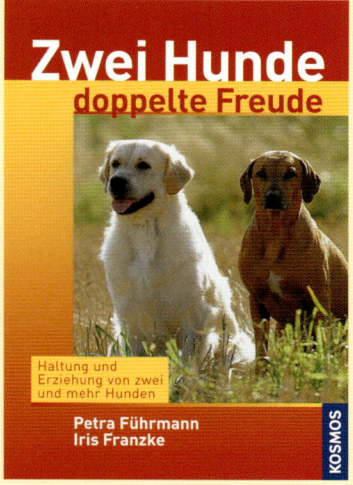

Führmann/Franzke
Zwei Hunde – doppelte Freude
160 Seiten, 209 Abbildungen
€/D 24,90; €/A 25,60; sFr 44,90
ISBN 978-3-440-09873-8

■ Alle Vor- und Nachteile der Mehrhundehaltung und praktische Tipps für ein glückliches Zusammenleben.

Führmann/Hoefs
Erziehungsspiele für Hunde
176 Seiten, 346 Abbildungen
€/D 22,90; €/A 23,60; sFr 41,60
ISBN 978-3-440-08856-2

■ Spielerische Erziehungsübungen – Spielideen für jeden Hund, Tricks und Gruppenspiele.

Führmann/Franzke
Erziehungsprobleme beim Hund
176 Seiten, 240 Abbildungen
€/D 22,90; €/A 23,60; sFr 41,60
ISBN 978-3-440-09478-5

■ Von A wie Aggression bis Z wie Zerstörungswut – Probleme lösen Schritt für Schritt!

Hoefs/Führmann
Was liest der Hund am Laternenpfahl?
192 Seiten, 50 Cartoons
€/D 12,95; €/A 13,40; sFr 24,90
ISBN 978-3-440-11063-8

■ Pfiffige Antworten zu kuriosen Fragen – ein echter Lesespaß für Hundefreunde!

www.kosmos.de   Preisänderung vorbehalten

KOSMOS